U0863671

精品课程规划教材

室内设计原理与方法

主　编　张　为　陈　婷　龙彩凤

副主编　刘　素　周　鹭　刘子锐
　　　　周　玲　张永乐

参　编　申芮宁　何　阳　尹伟荣

中国美术学院出版社
CHINA ACADEMY OF ART PRESS

责任编辑　伍俊东
封面设计　胡　越
拓片制作　李　宏
拍　　摄　金美媛
线　　绘　金志昂
责任校对　杨轩飞
责任印制　张荣胜

图书在版编目（CIP）数据

室内设计原理与方法 / 张为，陈婷，龙彩凤主编. 杭州：中国美术学院出版社，2024.11. -- ISBN 978-7-5503-3562-2

I. TU238

中国国家版本馆CIP数据核字第2024HE3063号

室内设计原理与方法
张　为　陈　婷　龙彩凤　主编

出 品 人：祝平凡
出版发行：中国美术学院出版社
地　　址：中国·杭州南山路218号　邮政编码：310002
网　　址：http://www.caapress.com
经　　销：全国新华书店
制　　版：杭州云鼎广告有限公司
印　　刷：凯德印刷(天津)有限公司
版　　次：2024年11月第1版
印　　次：2024年11月第1次印刷
印　　张：10.25
开　　本：889mm × 1194mm　1/16
字　　数：295千
书　　号：ISBN 978-7-5503-3562-2
定　　价：59.50元

前　言

PREFACE

习近平总书记在党的二十大报告中指出："教育是国之大计、党之大计。培养什么人、怎样培养人、为谁培养人是教育的根本问题。育人的根本在于立德。全面贯彻党的教育方针，落实立德树人根本任务，培养德智体美劳全面发展的社会主义建设者和接班人。"[1] 本教材贯彻执行党的二十大精神，强调了新时代赋予未来室内设计师新的使命、担当与社会责任。

"室内设计原理与方法"是环境艺术专业、建筑学专业比较重要的一门课程，也是深入学习有关室内设计采光与照明、人体工程学、家具与陈设、材料与构造等内容的基础性课程。为了便于学生在接触专业之初就能够比较全面地认识室内设计，编写人员总结多年教学和实践经验，编写了本教材。

区别于以往的《室内设计原理》教材，本教材着重通过图片对室内设计的内容进行阐述，图文结合的说明，能让学生对知识点有直观性的认识。同时，教材内容的选择力求精练。教材中第一章和第二章内容均为理论学习部分，侧重于对室内设计理论知识的阐述；第三章至第八章为理论与实践结合部分，着重从实际项目及设计规范的角度对室内设计的相关内容进行说明。理论与实践相结合的形式能够便于学生在学习过程中建立对室内设计的系统性认识。

伴随着室内设计的发展，新工艺、新材料的不断更新，室内设计专业教学在专业教育中的地位越来越重要。我们希望本教材能够为室内设计教学的老师以及学习的人士提供参考。同时，随着技术的进步和社会的发展，室内设计的内容不断地更新换代，教材中的内容也需要进行更新。希望同行和专业人士对本教材存在的不足之处予以批评指正，便于我们更好地改进与完善"室内设计原理与方法"这门课程的建设。

本书由重庆工商职业学院张为、苏州百年职业学院陈婷和中南林业科技大学涉外学院龙彩凤担任主编，由四川文化艺术学院刘素、安徽扬子职业技术学院周鹭、柳州城市职业学院刘子锐、苏州农业职业技术学院周玲和石家庄理工职业学院张永乐担任副主编，由河南水利与环境职业学院申芮宁、武汉民政职业学院何阳和东莞市技师学院尹伟荣担任参编。全书由张为拟定编写大纲并统稿。

编　者

2024 年 6 月

[1] 习近平：《高举中国特色社会主义伟大旗帜 为全面建设社会主义现代化国家而团结奋斗——在中国共产党第二十次全国代表大会上的报告》，人民网，http://jhsjk.people.cn/article/32551700，2022 年 10 月 26 日。

目录

CONTENTS

模块五 CHAPTER 5

室内技术处理与构造设计

模块六 CHAPTER 6

室内家具与陈设

模块七 CHAPTER 7

室内绿化与庭园

模块八 CHAPTER 8

人体工程学与室内设计

模块一
CHAPTER 1

室内设计概述

思政目标

通过学习室内设计的定义，横向对比中西方发展史，了解中国传统室内设计源流，熟知中华传统文化发展历程，坚定民族文化自信。

知识目标

任务一　室内设计的定义
任务二　室内设计的发展
任务三　室内设计的基本观点
任务四　室内设计行业与室内设计师

能力目标

1. 能整理绘制室内设计发展的思维导图
2. 能理解室内设计的基本观点的案例
3. 能了解室内设计行业与室内设计师

素质目标

1. 培养学生从服务于人的需求分析出发的设计思维
2. 培养学生对室内设计的创新意识
3. 培养学生善观察、懂协作、重创意的专业素质

任务一 室内设计的定义

一、设计的定义

什么是“设计(design)”？“设计”一词最早出现在《牛津英文词典》中，解释为：为艺术品……(或是)应用艺术的物件所做的最初绘画的草稿，它规范了一件作品的完成。《牛津现代英汉双解大词典》是这样解释的：设计，是欲生产出物体的草图、纹样和概念；是图画、书籍、建筑物和机械等的平面安排和布局；是目的、意向和计划。我国1980年出版的中国《辞海·艺术分册》是这样解释设计的：广义指一切造型活动的计划，狭义专指图案装饰。这些都是早期的设计概念。

现代设计大师蒙荷里·纳基(Moholy Nagy)曾指出：“设计并不是对制品表面的装饰，而是以某一目的为基础，将社会的、人类的、经济的、技术的、艺术的、心理的等多种因素综合起来，使其能纳入工业生产的轨道，对制品的这种构思和计划技术即设计。”国内尹定邦教授在回答记者时曾说：“设计是一个大的概念，目前学术界还没有统一的定义。从广义来说，设计其实就是人类把自己的意志加在自然界之上，用以创造人类文明的一种广泛的活动。任何生产都有一个理想目标，设计就是用来确定这个理想目标的手段，是生产的第一个环节。设计后面必须有批量生产、规模生产，否则设计就失去了意义，这也是社会进步的体现。”可以看出，设计的目的是为人服务，满足人的各方面的需要。可见，设计并不局限于对物象外形的美化，而是有明确的功能目的的，设计的过程正是把这种功能目的转化到具体对象上去。

因此，我们定义：设计是依照一定的步骤，按预期的意向谋求新的形态和组织，并满足特定的功能要求的过程，是把一种计划、规划、设想通过视觉的形式传达出来的活动过程。人类通过劳动改造世界，创造文明，创造物质财富和精神财富，而最基础、最主要的创造活动是造物。设计便是造物活动所进行的预先计划，可以把任何造物活动的计划技术和计划过程理解为设计。

设计就是设想、运筹、计划与预算，它是人类为实现某种特定目的而进行的创造性活动。设计只不过是人在理智上具有的，在心里所想象的，建立于理论之上的那个概念的视觉表现和分类。设计不仅仅通过视觉的形式传达出来，还会通过听觉、嗅觉、触觉传达出来，营造一定的感官感受。设计与人类的生产活动密切相关，它是把各种先进技术成果转化为生产力的一种手段和方法。设计是创造性劳动，设计的本质是创新，其目的是实现产品的功能，建立性能好、成本低、价值高的系统和结构，以满足人类社会不断增长的物质和文化需要。设计体现在人类生活的各个方面，包括人类的一切创造性行为活动，如产品设计、视觉传达设计、服装设计、建筑设计、室内设计(图1-1和图1-2)等。设计是连接精神文明与物质文明的桥梁，人类寄希望于通过设计来改善人类自身的生存环境。

图 1-1　室内设计中的手绘制图

图 1-2　室内设计中的现代家具设计

二、室内设计的定义

人的一生，绝大部分时间是在室内度过的，因此，人们设计创造的室内环境，必然会直接关系到室内生活、生产活动的质量，关系到人们的安全、健康、实用、舒适等。室内设计根据建筑物的使用性质、所处环境和相对应的标准，运用物质材料、工艺技术、艺术的手段，结合建筑美学原理，创造出功能合理、舒适美观、符合人的生理和心理需求的内部空间；赋予使用者愉悦的，便于生活、工作、学习的，理想的居住与工作环境，创造满足人们物质和精神生活需要的室内环境。这一空间环境既具有使用价值，能满足相应的功能要求，同时也反映了历史文脉、建筑风格、环境气氛等精神因素。例如，建筑大师贝聿铭对苏州博物馆的室内设计（图 1-3 和图 1-4）就很好地体现了这些特点，博物馆的室内设计运用了大量中式元素。我们可以从室内空间序列、空间构成、空间层次、组织和室内各界面的设计，线条、色彩以及材质的选用等多个角度，体会中式元素在现代室内空间中的运用。贝聿铭用他独特的视角诠释了一种新的中式风格。就像他曾说："我后来才意识到苏州的经验让我学到了什么。现在想来，应该说那些经验对我的设计有相当影响，它使我意识到人与自然共存，而不只是自然而已。创意是人类的巧手和自然的共同结晶，这是我从苏州园林中学到的。"

图 1-3　苏州博物馆

图 1-4　苏州博物馆内廊

上述含义中，明确地把"创造满足人们物质和精神生活需要的室内环境"作为室内设计的目的，即以环境为源、以人为本，一切围绕符合生态、发展可持续性的前提，为人的生活生产活动创造美好的室内环境。

室内设计中，从整体上把握设计对象的依据因素如下：

①使用性质——根据功能设计建筑物和室内空间；

②所处环境——既指这一建筑物和室内空间的周围环境状况，也指该设计项目所处的时代或时间阶段；

③经济投入——相应工程项目的总投资和单方造价标准的控制。

室内设计涉及人体工程学、环境心理学、环境物理学、设计美学、环境美学、建筑学、社会学、文化学、民族学、宗教学等相关学科。室内设计是为满足一定的建造目的（包括人们对它的使用功能的要求，对它的视觉感受的要求）而进行的准备工作，是对现有的建筑物内部空间进行深加工的增值准备工作。其目的是让具体的物质材料在技术、经济等方面，在可行性的有限条件下形成能够成为合格产品的准备工作。需要工程技术上的知识，也需要艺术上的理论和技能。室内设计是从建筑设计中的装饰部分演变出来的，它是对建筑物内部环境的再创造。室内设计范畴非常宽广，现阶段从专业需要的角度出发，可以分为公共建筑空间设计和居住空间设计两大类。当提到室内设计时， 可能还会提到动线、空间、色彩、照明、功能等相关的重要专业术语。室内设计泛指能够实际在室内建立的任何相关物件，包括墙、窗户、窗帘、门、表面处理、材质、灯光、空调、水电、环境控制系统、视听设备、家具与装饰品的规划等。

现代室内设计也称室内环境设计，它是环境设计系列中和人们关系最为密切的环节之一。它包括视觉环境和工程技术方面的问题，也包括声、光、电、热等物理环境，以及氛围、意境等心理环境和文化内涵等内容。室内设计的总体，包括艺术风格，从宏观来看，往往能从一个侧面反映相应时期社会物质和精神生活的特征。随着社会的发展，历代的室内设计总是具有时代的印记，犹如一部无字的史书。这是由于室内设计从设计构思、施工工艺、装饰材料到内部设施，必须和社会当时的物质生产水平、社会文化和精神生活状况联系在一起；在室内空间组织、平面布局和装饰处理等方面，还和当时的哲学思想、美学观点、社会经济、民俗民风等密切相关。从微观来看，室内设计的水平、质量又都与设计师的专业素质和文化艺术素养等联系在一起。至于各个单项设计最终实施后成果的品位，又和该项工程具体的施工技术、用材质量、设施配置情况，以及与建设者的协调关系密切相关，即设计是具有决定意义的关键的环节和前提，但最终成果的质量有赖于设计、施工、用材、与业主关系的整体协调等。

设计构思时，需要运用物质技术手段，即各类装饰材料和设施设备等，这是容易理解的；同时，还需要遵循建筑美学原理，这是因为室内设计的艺术性，除了有与绘画、雕塑等艺术之间共同的美学法则之外，作为建筑美学，更需要综合考虑使用功能、结构施工、材料设备、造价标准等多种因素。建筑美学总是和实用、技术、经济等因素联系在一起，这是它有别于绘画、雕塑等纯艺术的差异所在。可以看出，室内设计是感性与理性的结合，两者需要高度协调，才能确保室内设计最终的完美使用效果。

现代室内设计既有很高的艺术性要求，其涉及的设计内容又有很高的技术含量，并且与一些新兴学科，如人体工程学、环境心理学、环境物理学等关系极为密切。现代室内设计已经在环境设计中发展成独立的新兴学科。

三、室内设计与建筑设计

室内设计是随着人们的生活水平的提高而发展起来的一个独特的行业，从其发展历程来看，它和建筑设计却是密不可分的。从现代室内设计风格的形成历史来看，几乎所有的室内设计风格都是由建筑风格演变来的，而且其造型和结构特点也是和建筑一脉相承的（图 1-5）。

图 1-5　某建筑与室内之间的呼应

室内设计在没有成为一个单独的行业之前，只是建筑设计的一部分，室内设计的任务是由建筑设计师来完成的，而且室内设计的工程多半是和建筑工程一起完成的。现代室内设计已经逐渐成为完善整体建筑环境的一个组成部分，是建筑设计不可分割的重要内容，它受建筑设计的制约较大。它是集视觉环境、心理环境、物理环境、技术构造、文化内涵的营造，以及物质与精神、科学与艺术、理性与感性于一体的。

建筑设计与室内设计对空间的关注、考虑问题的角度与处理空间的方法有别，建筑设计更多地关注空间大的形态、布局、节奏、秩序与外观形象，而不会面面俱到地将内部空间一步设计到位。室内设计与建筑设计是相辅相成的，是对建筑设计的延续和发展，建筑设计形成的室内空间是室内设计若干程序的设计基础。

对室内设计定义的理解，以及它与建筑设计的关系，从不同的视角、不同的侧重点来分析，许多学者都有不少具有深刻见解、值得我们仔细思考和借鉴的观点。例如，认为室内设计“是建筑设计的继续和深化，是室内空间和环境的再创造”；认为室内是“建筑的灵魂，是人与环境最紧密的联系，是人类艺术与物质文明的完美结合”。

我国建筑师戴念慈先生认为：“建筑设计的出发点和着眼点是内涵的建筑空间，把空间效果作为建筑艺术追求的目标，而界面、门窗是构成空间必要的从属部分。从属部分是构成空间的物质基础，并对内涵空间使用的观感起决定性作用，然而毕竟是从属部分。至于外形，只是构成内涵空间的必然结果。”

国外建筑师普拉特纳则认为室内设计“比设计包容这些内部空间的建筑物要困难得多”，这是因为在室内“你必须更多地同人打交道，研究人们的心理因素，以及如何能使他们感到舒适、兴奋。经验证明，这比同结构、建筑体系打交道要费心得多，也要求有更加专门的训练”。

因此，室内设计与建筑设计是相互联系、相互影响和相互制约的，优秀的建筑设计应有好的室内空间，而优秀的室内设计应该是建筑设计的延伸与深化。例如法国建筑师保罗·安德鲁设计的中国国家大剧院（图 1-6 和图 1-7）就很好地阐释了这样的设计意境。

图 1-6　中国国家大剧院室内外相互关系

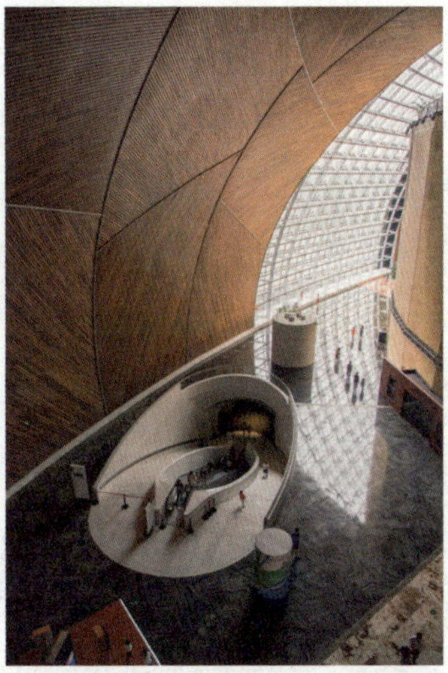

图 1-7　中国国家大剧院室内外相互关系

四、室内装饰、装修和设计

室内装饰或装潢、室内装修、室内设计，是几个通常为人们所认同的，但内在含义实际上是有所区别的词义。

室内装饰或装潢（Interior Ornament or Decoration）：原义是指“器物或商品外表”的“修饰”（见《辞海》第 4387 页），是着重从外表的、视觉艺术的角度来探讨和研究问题。例如，对室内地面、墙面、顶棚等各界面的处理，装饰材料的选用，色彩的配置，也可能包括对家具、灯具、陈设和小品的选用、配置和设计。

室内装修（Interior Finishing）：Finishing 一词有最终完成的含义，例如运动场上赛跑的终点即用 Finishing 一词。室内装修着重于工程技术、施工工艺和构造做法等方面，顾名思义，主要是指土建工程施工完成之后，对室内各个界面、门窗、隔断等最终的装修工程。

室内设计（Interior Design）：现代室内设计是综合的室内环境设计，它既包括视觉环境和工程技术方面的问题，也包括声、光、热等物理环境以及氛围、意境等心理环境和文化内涵等内容。现代室内设计更为重视与环境、生态、人文等方面的关系，应综合考虑内涵理念与可见部分、空间与界面、物理因素与心理因素等。室内设计更为全面，包括装饰、装潢与装修的内容。

任务二 室内设计的发展

工业革命以前，室内设计师的职务一直是由建筑师、画家和雕塑家进行兼任，由于社会生产力水平的制约，建筑承重构件束缚着空间的形式，室内设计一直伴随着建筑的发展而发展。直到近现代生产力水平的提高，框架结构的出现，使得建筑能够摆脱承重墙的制约，展现更多元的空间形式，人们对室内设计的要求越来越细致、越来越明确，室内设计也从建筑行业中凸显出来，形成一门专业的学科。

随着建造及装饰装修材料的不断更新，建造技术的进步，人们可以通过多种装饰元素的组织塑造多种不同形式的空间，室内设计师能够在建筑空间设计中发挥更大的作用，达成使用者对空间的各种诉求。室内设计所涉及的内容也越来越广泛，材料、技术、陈设、色彩、物理环境、生态环境多元因素的融合，已经使室内设计成为重要的学科。

现代室内设计作为一门新兴的学科，尽管还只是近数十年的事，但是人们有意识地对自己生活、生产活动的室内进行安排布置，甚至美化装饰，赋予室内环境所期望的氛围，早已从人类文明伊始的时期就存在了。

一、国内室内设计的发展

对于空间功能的划分，早在原始社会西安半坡村时期，方形、圆形居住空间（图 1-8 和图 1-9），已考虑按使用需要将室内做出分隔，使入口和火炕的位置布置合理。方形居住空间近门的火炕安排有进风的浅槽，圆形居住空间入口处两侧，也设置起引导气流作用的短墙。

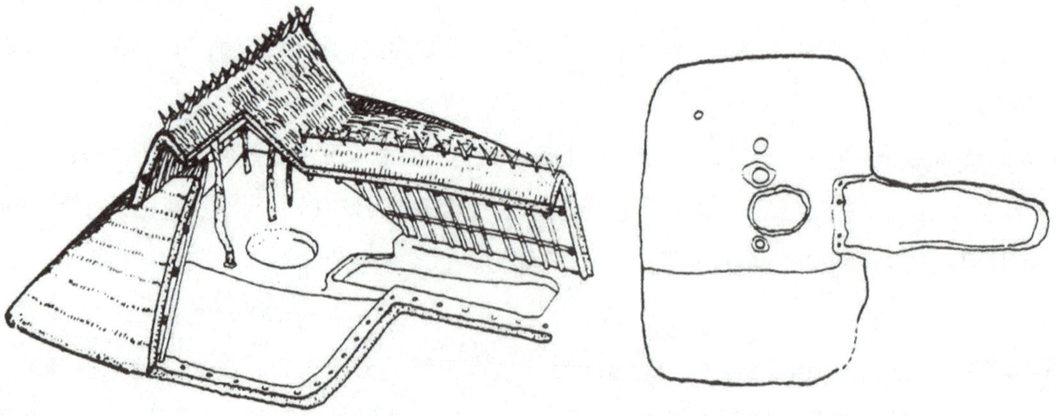

图 1-8　方形居住空间

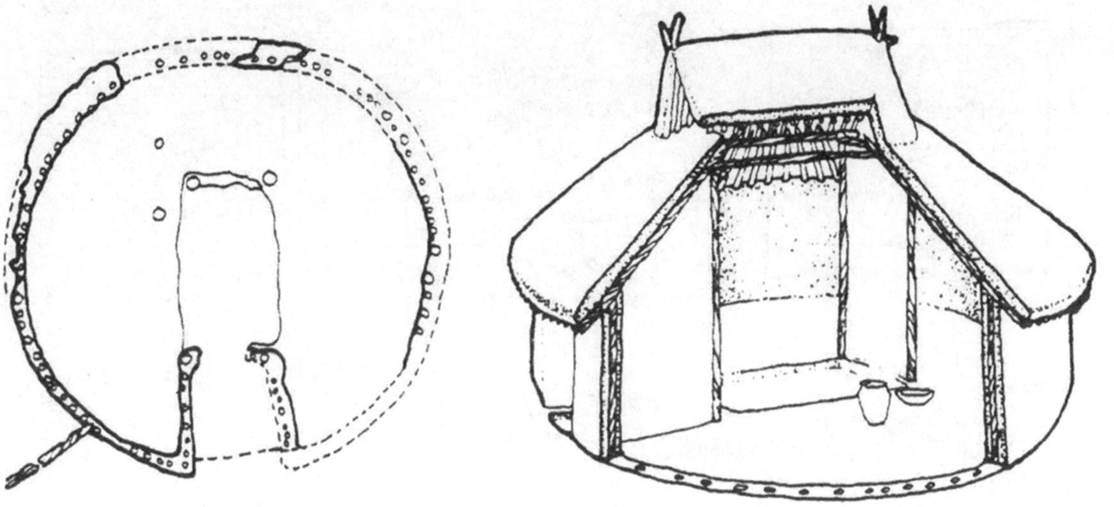

图 1-9　圆形居住空间

原始氏族社会的居室里，已经存在人为的平整光洁的石灰质地面，这种地面既有美观的作用，又能对地面起到很好的防潮和保护作用。

新石器时代的居室遗址中，地面留有坚硬的红色烧土。除了功能作用在早期的人类室内空间中得以体现外，原始人穴居的洞窟里，壁面上也已绘有兽形和围猎的图形。这些图形表明，在人类建筑活动的初始阶段，人们就已经开始对室内空间的使用功能和形式美观有了具体的要求，这种行为是人类早期对物质和精神需求结合的表达。

商朝的宫室的出土遗址中，宫室里装饰着朱彩的木料、雕饰的白石，柱下置有云雷纹的铜盘，让人不禁对商朝宫殿的室内的精美产生不尽的联想。除此之外，秦时的阿房宫和西汉的未央宫，虽未见实物，但从文献的记载和出土的大量精工细作的瓦当、器皿等器物，以及秦汉时期墓室石刻精美的窗棂、栏杆的装饰纹样可以看出，当时的室内装饰已经达到相当精细和华丽的程度。

春秋时期思想家老子在《道德经》中提出："凿户牖以为室，当其无，有室之用。故有之以为利，无之以为用。"这形象生动地论述了"有"与"无"、围护与空间的辩证关系，也揭示了室内空间的围合、组织和利用是建筑室内设计的核心问题。同时，从老子朴素的辩证法思想来看，"有"与"无"，也是相互依存、不可分割地对待的。

室内设计与建筑装饰紧密地联系在一起，自古以来装饰纹样的运用，也正说明人们对生活环境、精神功能方面的需求。

图 1-10（a）（b）分别是汉代装饰性的画像石刻和画像砖刻纹样。

（a）牛耕画像石刻　　（b）精致的画像砖刻

图 1–10　汉代装饰性纹样

图 1–11 为仰韶文化和龙山文化陶器上的装饰纹样。

图 1–11　仰韶文化和龙山文化陶器上的装饰纹样

图 1–12 为汉墓明器的住宅造型及其装饰，显示装饰与结构、装饰与围护分隔功能的结合；图 1–13 为汉墓中不同形状的柱，以及兼具结构构造和装饰作用的斗拱造型。

图 1-12　汉墓明器的住宅造型及其装饰

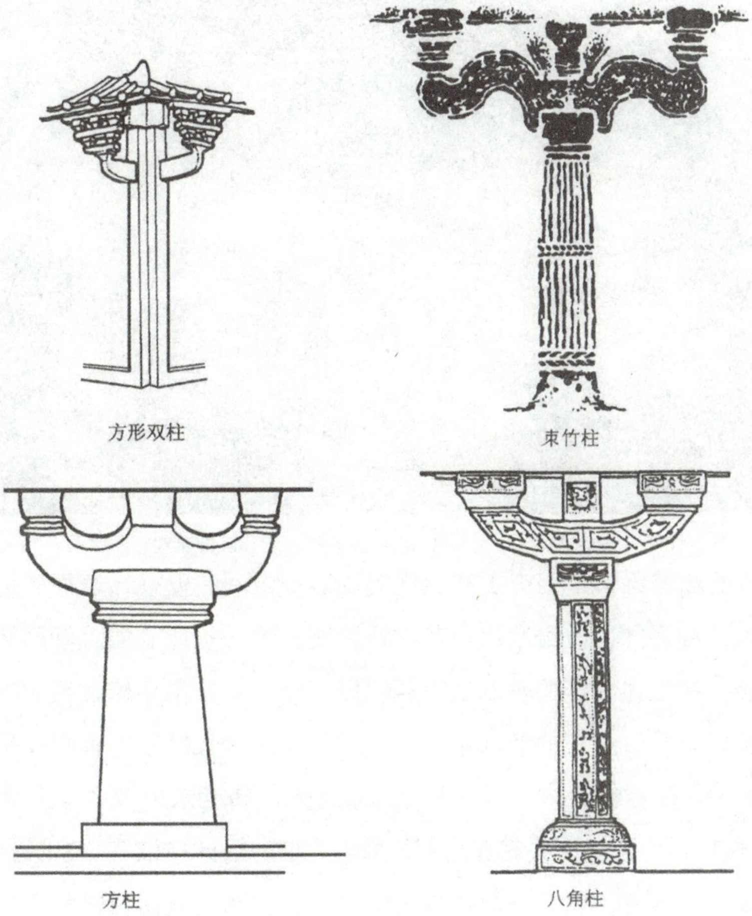

图 1-13　汉墓中不同形状的柱及其斗拱造型

从一些石窟内，我们也可以看到当时建筑室内的装饰造型特征。图 1-14 为洛阳龙门石窟内的天花和佛像雕刻照片，有许多佛教元素，如莲花、须弥座等。

图 1-14　洛阳龙门石窟内的天花和佛像雕刻

秦汉时期，宫殿的墙壁经常是用夯土和土坯混用的，中间有壁柱，表面先用掺有禾茎的粗泥进行打底，再用掺有米糠的细泥抹面，最后用白灰进行涂刷。这种按照底层、间层和面层的处理方式是室内装饰中的一大进步。在上述做法的基础上，再以椒涂壁，椒是指花椒，因为它里面多子，而且还杀菌。后来由于椒墙多用于皇帝后宫的装饰中，“椒房”成为古代后宫的称呼，是古代后妃居住的一种特制的房子。《汉书·车千秋传》：“江充先治甘泉宫人，转至未央椒房 。”颜师古注：“椒房，殿名，皇后所居也。”椒房殿为西汉未央宫皇后所居殿名，椒房殿亦称椒室。因以椒和泥涂墙壁，取温暖、芳香、多子之义，故名。据传，椒房采用花椒末和泥混合涂墙，外面再进行装饰，使房间散发出微微的暖暖的芳香气息。这种气息能改善虚冷的体质，提高怀孕的概率。但花椒用量不宜过多，否则耗气反而不利于怀孕。因此，椒房并非野蛮地撒花椒或将花椒灌在枕头里，而是将花椒打成粉，与土混合成泥，涂在墙上，以达到平和的气息。花椒的温热与土的甘平相结合，使气息不会过于浓烈而伤人。

汉朝时期，漆器、玉制家具、竹制家具和陶制家具均有所使用，人们改变了过去坐卧都在席上或床上的生活习惯，在室内设计中也出现了筵席等不同的设置空间。魏晋南北朝时期，室内设计讲究华丽和奢侈之风，在此期间，垂足而坐的方式逐渐盛行，由于高坐具的出现，室内在装饰装修中将装饰的水平高度向上提升，室内设计中比较重视使用的舒适性和实用性。

隋唐五代时期，室内仍然使用席地而坐的习惯，床榻等室内家具尺度偏低，垂足而坐的习惯开始在上层阶级流行，因此，室内设计呈现不同的两种形式：一种是为席地而坐设计的室内使用的低矮家具；另一种是与垂足而坐相配合的扶手椅、靠背椅。风格上一种是极尽奢华的装饰风格，另一种是朴素的装饰风格。

宋代以后，垂足而坐的形式成为室内设计的主流，随着家具和陈设品的变化，室内呈现出与以往不同的特色。

在元代，由于统治者属于少数民族，该时期的民族交往与文化交流呈现出显著增多的态势。元朝的统治者深受游牧生活方式的影响，因此，元代的建筑风格亦不可避免地受到了喇嘛教和伊斯兰教的熏陶。深入剖析元代建筑及其室内设计，我们可发现两大显著特点：其一，中国传统建筑和室内设计在元代因吸纳了多方面的元素而显得更为丰富多彩。以现存的元代永乐宫为例，其建筑规模宏大，气势磅礴，令人叹为观止。而永乐宫的壁画相较于宋代壁画，更显得厚重与坚实，其表现手法亦更为自由奔放。其二，尽管元代建筑和室内设计在细节上有所创新，但总体上仍保持着中国传统建筑和室内设计的固有风格特征，并未发生根本性的变革。

在历代的文献《考工记》《梓人传》《营造法式》以及计成的《园冶》中，均有涉及室内设计的内容。

明清两朝，作为中国封建历史的终结篇章，其在建筑领域取得了举世瞩目的辉煌成就。明清建筑技艺臻于中国传统建筑的顶峰，无论是皇家宫殿的恢宏壮丽，还是民间宅院的精致细腻，均展现了深厚的文化底蕴与精湛的建筑工艺。明朝建筑与室内设计的基本特点是造型浑厚、色彩浓重、简洁大方。在家具方面，明式家具最具代表性，达到了很高的水平。明式家具上出现了雕漆、填漆、描金工艺，比例适度、线条利落、形体稳重，设计风格对现代设计中的中式风格造成深远影响。清代名人李渔对我国传统建筑室内设计的构思立意，对室内装修的要领和做法，有极为深刻的见解。在专著《一家言居室器玩部》的居室篇中李渔论述："盖居室之制，贵精不贵丽，贵新奇大雅，不贵纤巧烂漫""窗棂以明透为先，栏杆以玲珑为主，然此皆属第二义，其首重者，止在一字之坚，坚而后论工拙"，对室内设计和装修的构思立意有独到和精辟的见解。

图 1-15 的武侯祠为明清中式传统风格的室内。武侯祠始建于蜀汉章武元年（221 年），原是纪念诸葛亮的专祠。后历经明清两代的不断修缮和整合，最终变成由汉昭烈庙、武侯祠、惠陵、三义庙四部分组成的建筑群，隶属于成都武侯祠博物馆的文化遗产保护区，是历史上第一次对成都三国历史文化遗迹的整合。

图 1-15　中式传统风格的武侯祠室内

我国各类民居，如北京的四合院（图 1-16）、山西的传统民居（图 1-17）、西部黄土高原的窑洞住宅（图 1-18）、皖南民居（图 1-19）、福建的土楼（图 1-20）、傣族的干阑式住宅（图 1-21）以及上海的里弄建筑（图 1-22）等，在体现地域文化的建筑形体和室内空间组织的特点，在建筑装饰的设计与制作等许多方面，都有极为宝贵的可供我们借鉴的成果。

图 1-16　北京的四合院建筑群

图 1-17　山西传统民居

图 1-18　西部黄土高原的窑洞住宅

图 1-19　皖南民居

图 1-20　福建的土楼

图 1-21　傣族的干阑式住宅

图 1-22　上海的里弄建筑

课后拓展

你还知道哪些中国民居？它们有哪些特点呢？

课后总结

将中国室内设计发展史内容整理成思维导图。

二、国外室内设计的发展

1. 古代埃及的室内设计

公元前 3000 年左右古埃及开始建立国家。古埃及人制定出世界上最早的太阳历，发展了几何学、测量学，并开始运用正投影方式来绘制建筑物的平、立、剖面。古埃及人建造了举世闻名的金字塔、法老宫殿及神灵庙宇等建筑物，这些艺术精品虽经自然侵蚀和岁月埋没，但仍然可以通过存世的文字资料和出土的遗迹依稀辨认出当时的规模和室内装饰概况。

古埃及人认为人死之后只要尸体保存完好就能够复活，因此在古埃及人的生活中，对于陵墓修建的热情远大于对现实住宅的建造。从大量遗存至今的古埃及陵墓中，可以看到大量以神话为题材的彩绘壁画、雕刻文字以及巨大的柱子。这些文字和壁画成为古埃及室内装饰中重要的组成部分。由于古埃及建造技术结构上的制约，室内空间由大量柱子组成，柱子的直径甚至大于两个柱子之间的距离。以卡纳克的太阳神庙（图 1-23）为例，厚厚的梁加上粗壮的柱子，使得室内空间形成阴暗及压抑的空间效果，既为炎热的环境增加了大量阴影，带来舒适的阴凉区域，又为神权渲染了神秘的色彩。

图 1-23　古埃及神庙室内实景

为了扩大这种压抑的空间感受，渲染法老的威严，古埃及人在柱子上大量雕刻，墙面上遍施彩绘（图 1-24 和图 1-25）。雕刻的内容有很多种，如卡纳克·赛索斯特里斯一世国王祠庙的内部柱子上雕刻的就是一整部婚姻法，法老图坦卡蒙陵墓中的壁龛上是带有咒语性质的图样。总而言之，古埃及的室内设计中，墙面和空间的处理，是精神和实体功能的双重体现：

（1）墙面以大量神话故事为题材的彩绘及雕刻作为装饰。

（2）柱子是支撑空间的承重构件，尺度庞大，柱式处理娴熟，室内空间阴影区域较多。

（3）注重室内的装饰效果，有室内空间功能的划分。

古埃及的神话人物及故事是雕刻和彩绘中最常出现的。图 1-26 是古埃及诚实的羽毛的故事：死者由胡狼人身的、负责把尸体制成木乃伊的阿努比斯神称量心脏，如果心脏充满贪婪及邪念，重于诚实的羽毛，就会被怪兽吃掉；如果心脏通过审判，就可以见到最高的神明奥西里斯神，等待重生。

图 1-24　埃及卢克索哈齐普苏特女王神庙壁画

图 1-25　古埃及神庙墙壁上的象形文字图画和绘画

图 1-26　古埃及心脏审判壁画

2. 古希腊与古罗马的室内设计

古希腊与古罗马所奠基的建筑艺术，确立了西方建筑艺术的科学准则、力学架构及艺术理念，对全球建筑设计与室内装饰领域产生了深远影响。时至今日，这些成就仍被视为世界建筑艺术的典范。

（1）古希腊

古希腊是泛神论国家，祀奉多种神灵，主张人神同源，宗教带有浓郁的世俗化色彩，很多城邦国家实行奴隶制民主政体，普通公民享有较大的自由，个性和才智均得到较大的发展，在科学、哲学、文学、艺术上都取得了辉煌的成就，古希腊被称为欧洲文化的摇篮，对欧洲和世界文化的发展产生了深远影响。其中给人留下最深刻印象的莫过于希腊的神庙建筑。希腊神庙象征着神的家，神庙的功能单一，仅有仪典和象征作用。它的构成关系也较简单，神庙一般只有一间或二间。为了保护神庙的墙面不受雨淋，在外增加了一圈由柱廊组成的围廊，所有的正立面和背立面均采用六柱式或八柱式，而两侧却是数量更多的一排柱子。

古希腊雅典卫城帕提农神庙（图 1- 27 和图 1-28）内部，双层的柱廊将神庙内的雅典娜雕像进行围合，在突出雕像庄重的氛围的同时，也为神庙内部的空间垂直方向的划分起到了分隔作用。人们通过外围回廊，步过二级台阶的前门廊，进入神庙后又被正厅内正面和两侧立着的连排石柱围绕，柱子分上下两层，尺度由此大大缩小，把正中的雅典娜雕像衬托得格外高大。神庙主体分成两个不同大小的内部空间，它们恰好是 1.618 ：1 的黄金分割比关系，它的正立面也正好适应长方形的黄金分割比，这不能不说是设计者遵循和谐美的刻意之作。

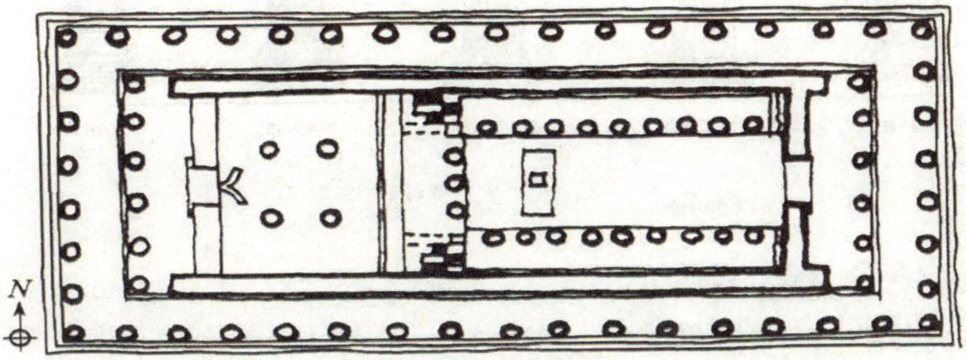

图 1- 27　古希腊帕提农神庙平面图

图 1- 28　古希腊帕提农神庙柱廊

人们在谈起古代希腊建筑的时候，经常将古希腊的建筑比喻为近似雕刻的建筑，建筑的外部造型和柱式的处理都达到了相当高的水平。建筑的形式影响着室内的形式，室内界面的处理上注重尺度的变化，用柱式和墙壁形成虚实关系的对比。室内雕像作品的应用也使得空间在形式上充满美感，但在使用的角度来讲，古希腊的室内使用舒适度并不十分优越。

古希腊创造了代表男性特征的多立克柱式、代表女性特征的爱奥尼克柱式以及代表植物形象的科林斯柱式。古罗马在古希腊三种柱式的基础之上创造了塔司干柱式和混合柱式，柱式成为欧洲古典文明的重要建筑构件，古希腊和古罗马的文明被称为欧洲的古典文明（图 1-29）。

图 1- 29　古希腊、古罗马五种柱式

（2）古罗马

公元前 2 世纪，古罗马人入侵希腊，希腊文化逐渐融入罗马文化，罗马文化在设计方面最突出的特征是借用古希腊美学中舒展、精致、富有装饰的概念，选择性地运用到罗马的建筑工程中，强调高度的组织性与技术性，进而完成了大规模的工程建设，创造了巨大的室内空间。这些工程的完成首先归功于罗马人对券、拱和穹顶的运用与发展。

古罗马建筑注重功能性，其室内对不同功能空间也有不同的处理手法。以庞贝城的遗址为例，庞贝城曾是古罗马一个休养和商业的城市，城市中有大量贵族府邸、商业和其他生产生活用的建筑。由于维苏威火山的爆发，使得这座城市被完全湮没在火山熔岩之下。第二次世界大战后，意大利政府挖掘运河，无意中挖到了庞贝城市的一角，才使得这座原汁原味的古城重见天日。由于没有经历战争的破坏，庞贝城保持了原汁原味的古罗马城市面貌：笔直的道路，集中布局的商业以及采用陶制品进行保护的下水管道。庞贝城的别墅没有窗户，四周的房间围合成一个天井，天井中种植低矮的绿化，放置用于承接雨水的景观小品。贵族的宅邸室内墙面画满装饰画，以此装饰室内的空间。不仅壁画精细，从铺地的大理石地面以及精细制作的家具、灯饰等室内陈设来看，当时的室内装饰已相当成熟。

罗马万神庙（图 1-30）为了减轻建筑屋顶的自重，采用壁龛的形式，使得室内非常高旷。壁龛形成的一圈圈的纹路，形成室内天花顶上的特殊造型。公众聚会处的拱形空间，成为当今公共建筑内中庭设置最早的原型。万神庙的入口门廊由八根科林斯柱子组成，空间显得具有深度。神庙的内部空间组织得十分得体，入口两侧两个很深的壁龛，里面两尊神像起到了进入大殿前的序幕作用。圆形正殿的墙体厚达 6.2 m。圆形大厅的直径和从地面到穹顶的高度都是 43.3 m，这种等比的空间形体使人产生一种浑圆、坚实的体量感和统一的协调感。穹顶的设计与施工也很考究，穹顶分五层逐层缩小的凹形格子，除具有装饰和丰富表面变化的视觉效果之外，还起到减轻重量和加固的作用。阳光通过穹顶中央圆形空洞照射进来，产生一种神圣的气氛。

图 1-30　万神庙厅内及外观

3. 中世纪基督教的室内设计

中世纪，作为一段历史长河中的特定阶段，其欧洲地区的特征主要表现为普遍的封建割据态势。在此期间，科技与生产力的发展步伐相对缓慢，呈现出一种稳健而渐进的态势。然而，值得一提的是，在宗教建筑领域，中世纪却取得了显著的进步与成就，为后世留下了丰富的文化遗产。

中世纪建筑包括拜占庭建筑、哥特建筑、罗马风格建筑，这一时期建筑的风格直接影响了室内的装饰装修风格，是基督教宗教文化在室内设计集中体现的时期。基督教室内设计的成就主要体现在表达精神世界的教堂中，彩色的玻璃镶嵌画（图 1-31）又被称为“傻子的圣经”，能让不认识字的百姓看懂圣经的故事，起到一定的教育目的；同时将室外的阳光五彩斑斓地投进室内，让人恍如置身天堂。

图 1-31　教堂内彩色玻璃镶嵌画

高耸的室内穹顶，产生强烈的空间压迫感，加深了人类内心对自身渺小的认识。柱子经常采用成束的和骨架型的形式，除了柱子和穹顶外，室内还应用了大量雕塑和绘画，使得中世纪基督教建筑的室内充满了绚烂的光彩。由于骨架拱券和尖券的使用，室内顶棚呈现一种有韵律的骨架美感（图1-32）。

相对于教堂，中世纪时期城堡与住宅的室内为了抵风御寒，窗户开洞均比较小，大厅中央多设有烧火用的炉床，墙内和屋顶设有烟道，墙面用裸石处理，墙面仅有少量挂件如兽头骨、兵器、壁毯等做装饰。室内的烛台、墙壁上的火炬既提供照明功能，也起到一定的装饰作用。

图 1-32 教堂内景

4. 文艺复兴的室内设计

文艺复兴时期宣扬人本主义，鄙弃中世纪建筑为神服务、束缚人精神的做法，提倡古希腊、古罗马文化中以人的需求为出发点的设计理念。在设计风格上吸收了古代罗马时期的奢华，以及东方和哥特式的装饰特点，并运用新的手法加以表现。居室色彩主调以白色为主，采用古典弯腿式家具，尽量隐藏家具及建筑的结构，强调表面装饰，多运用细密绘画的手法，表现出丰富华丽的装饰效果。室内多用带有图案的壁纸、地毯、窗帘、床罩及帐幔，配合古典式装饰画或陈设饰品，家具、门、窗多漆成白色，家具、画框的线条部位饰以金线、金边。

在材料的使用上，大理石、壁画、天顶画、雕刻等被用来装饰室内，家具的制作工艺精湛，注重细节的打造，螺纹座、莨苕叶、蔓藤、女体像、天使、假面、怪兽以及圆形、椭圆形等被用作箱柜、桌椅等家具的装饰。意大利文艺复兴时期的家具装饰常在图案的表面加以贴金和彩绘处理。英国文艺复兴时期的室内装饰喜欢在墙上绘制壁画或悬挂肖像画，室内经常用剑戟、盔甲及兽头鹿角等作为陈列品。

意大利的文艺复兴运动影响了整个欧洲，促进了人文主义思潮和古典主义设计的发展。

法国文艺复兴时期比较著名的“枫丹白露学派”吸取了意大利艺术装饰的风格，创造了灰泥高浮雕和绘画相结合的新的建筑装饰造型，代表作为法兰西斯一世长廊的宫廷建筑。长廊的空间整齐规整，顶棚结构起伏波动，壁画上的门窗、线脚装饰以及绘画、雕刻的设计装饰效果强烈。

西班牙“银匠式”风格是将哥特式、阿拉伯式和意大利文艺复兴的装饰设计手法相融合。这种风格有类似银器般的精雕细琢，建筑装饰构件和家具陈设讲究精美，代表作有贝壳府邸和海纳瑞大学等。

英国罕普敦府邸是一座具有“都铎风格”的欢快气息的庄园，外观起伏多变，外墙为红砖勾白缝。内部装饰以深色木材做浅浮雕花饰的围护墙裙，天花用浅色抹灰制作直线和曲线结合的格子，中间下垂钟乳状的装饰以求造型变化。

圣彼得大教堂（The Dome of St. Peter）（图 1-33）是在旧的巴西利卡式的彼得教堂旧地上重新设计建造的。经过设计竞赛，伯拉孟特（Donato Bramante）的方案中标，该方案平面中厅为希腊十字形，近似正方形的四角分别有一个小十字空间，集中式的布局严格对称，具有纪念碑式的形象意义。该工程 1506 年动工，至 1514 年伯拉孟特去世。此后的三十多年里，随着各种势力之间的反复较量，设计方案也几经变动，直到 1547 年，教皇才委任 72 岁高龄的米开朗基罗主持圣彼得大教堂的工程设计。他首先肯定了伯拉孟特的方案，在此基础上加强了中央支承穹顶的四座柱墩，简化了四角的布置，使整个大厅内部空间更为流畅。同时他还提高了穹顶的鼓座，使穹顶向上拔高增大内部空间。穹顶的造型受佛罗伦萨大教堂影响，也在顶部做了一个以柱子环绕的采光亭，鼓座上一圈采光窗将大量光线引入中厅。充足、明朗的光线，正是人文主义者对教堂的要求。

目前，圣彼得大教堂内部空间具有光线明晰的中厅、高大宽阔的拱廊、连续优美的半圆形券柱、色彩艳丽而堂皇的图案设计、檐部上和壁龛中精美的雕刻等，向人们展示意大利文艺复兴运动的巨大成果，证明了古典文化是不竭的艺术源泉。

图 1-33　圣彼得大教堂内景

5. 巴洛克的室内设计

巴洛克这个词源于葡萄牙语，意思是畸形的珍珠，另一说法认为该词来源于意大利语，意为奇形怪状、矫揉造作，这个名词最初出现略带贬义色彩。巴洛克建筑的形式丰富多样，对其评价自古以来便存在争议。然而，它仍缔造了欧洲建筑与艺术史上的又一巅峰，其影响力远及俄罗斯和美洲。

17 世纪，巴洛克装饰风格（图 1-34）在意大利文艺复兴时期开始流行，具有华丽、动感、多变的效果，追求空间的连续性，形体的变化和层次感。巴洛克风格的主要特点：①室内平面喜欢带一些波动的曲线，即使房间平面是方形的，房间里面的装饰线都不是直线；②房间里面、走廊上常放置塑像和壁画，壁画雕塑与室内空间融为一体。巴洛克装饰经常使用曲线、曲面、断檐、层叠的柱式、有缺口或者叠套的山花等不规则的古典柱式的组合，不顾忌传统的构图特征和结构逻辑，敢于创新，善于运用透视原理，室内外色彩鲜艳，光影变化丰富。

图 1-34　巴洛克室内设计风格

6. 洛可可的室内设计

洛可可样式（图 1-35）是继巴洛克样式之后在欧洲发展起来的，起源于法国，比起巴洛克样式的厚重特点，洛可可以其不均衡的构图、纤细的曲线著称，搭配大量从中国和印度输入欧洲的室内装饰品，呈现一种唯美的女性气质。“洛可可”一词来自法国宫廷庭园中用贝壳、岩石制作的假山“洛卡优”，意大利人称之为“洛可可”，进而流传开来。其造型装饰多运用贝壳的曲线、皱褶和弯曲形构图分割，装饰极尽繁琐、华丽，色彩绚丽多彩，大量卷草纹样的运用，具有轻快、流动、向外扩展的动感。颜色的使用上，多为鲜艳娇嫩的金色、白色、粉红色、粉绿色等，脂粉味比较强烈。

图 1-35　洛可可室内设计风格

7. 新古典主义的室内设计

所谓新古典主义，是较之古罗马的“古典主义”而言的，17 世纪法国的新古典主义的创造都是以古希腊、古罗马为典范和依据的，认为艺术必须从理性出发，排斥艺术家的主观思想感情，尤其是在社会和个人利益的冲突面前，个人要克制自己的感情，服从理智和法律。新古典主义风格（图 1-36）用简化手法、现代新材料和先进的工艺技术去探求传统的内涵，以注重装饰效果来增强历史文化底蕴，是对巴洛克和洛可可风格的反击。希望通过模仿古希腊、古罗马的艺术，用白色、金色、黄色来简化设计，室内陈设采用欧式古典设施，追求简化的装饰风格。

图 1-36　新古典主义室内设计风格

8. 近代复古思潮下的室内设计

在近代古典复兴、浪漫主义以及折中主义的影响下，建筑复古风格直接影响着室内设计风格的变化。其中，古典复兴以欧洲古典文明为主要元素；浪漫主义多以哥特式建筑形象出现，故又称为“哥特复兴”；折中主义则是将历史上各个时期的装饰要素进行综合性的使用。

浪漫主义的实例是尤拉布鲁斯特设计的巴黎国立图书馆（图 1-37）。该图书馆采用新型的钢铁结构，大厅的顶部由铁骨架构成的帆拱式穹隆构成，下面以铁柱支撑，使内部空间变得宽敞和通透，结构也显得灵巧轻盈。圆形的穹顶和弧形拱门起伏而有节奏，铁柱下部加的水泥柱基以及拱门上的金属花饰环带延续了传统风格。

有人主张选择在各种主义、方法或风格中看起来最好的东西，于是设计师根据业主的喜爱，从古典到当代、从西方到东方、从丰富的资料中选择讨好的样式糅合在一起，形成了折中主义的设计风格。折中主义的代表作品为巴黎歌剧院室内（图 1-38），大转角的楼梯、精美的雕花、贴金的装饰以及光滑的大理石贴面，将这座建筑的室内装点得富丽堂皇。

图 1-37　巴黎国立图书馆

图 1-38　巴黎歌剧院室内

9. 新建筑运动的室内设计

工艺美术运动和新艺术运动是新建筑运动中重要的组成部分。

19 世纪下半叶，设计界出现了一股既反对学院派的保守趣味，又反对机械制造产品低廉化的不良影响的有组织的美学运动，称为工艺美术运动。这场运动中最有影响的人物是艺术家兼诗人威廉·莫里斯（William Morris），他信奉约翰·拉斯金（John Ruskin）的理论，认为真正的艺术品应是美观而实用的，提出“要把艺术家变成手工艺者，把手工艺者变成艺术家”的口号。他主要从事平面图形设计，诸如地毯（挂毯）、墙纸、彩色玻璃、印刷品和家具设计。他的图案造型常常以自然为主题，表达出对自然界生灵的极大尊重，他的设计风格与维多利亚风格类似，但却更为简洁、高贵和富于生机。

工艺美术运动根源于艺术家无法解决工业化带来的大规模生产和产品比较粗糙的矛盾，设计师强调手工工艺的精美，图案常用的纹样是缠绕的植物枝蔓与花叶，自然气息浓厚。工艺美术运动具有一定的历史意义，但其反对工业生产的主张是不符合时代潮流的，工艺美术运动很快被时代的浪潮淹没。

19 世纪晚期，欧洲社会相对稳定和繁荣，当工艺美术运动在设计领域产生广泛影响的同时，在比利时布鲁塞尔（Brussels）和法国一些地区开始了声势浩大的新艺术运动。与此同时在奥地利也形成了一个设计潮流的中心，即维也纳分离派；法国和斯堪的纳维亚国家也出现一个青年风格派，可以看作是新艺术运动的两个分支。新艺术运动赞成工艺美术运动对古典复兴保守、教条的反叛，认同对技艺美的追求，但却不反对机器生产给艺术设计带来的变化。

新艺术运动在欧美不仅对建筑艺术，还对绘画、雕刻、印刷、广告、首饰、服装和陶瓷等日常生活用品的设计产生了前所未有的影响。这种影响还波及亚洲和南美洲，它的许多设计理念持续到 20 世纪，为早期现代主义设计的形成奠定了理论基础。新艺术运动是一场影响深远的世界性运动，是工艺美术运动的继续深化和发展，以其流畅、富于动感的线条，有机的外形和充满美感的女性形象著称。霍尔塔设计的布鲁塞尔都灵路 12 号住宅以及高迪设计的巴塞罗那的米拉公寓（图 1-39）、圣家族大教堂（图 1-40）等都是这一时期的典型代表。

比利时设计师维克多·霍塔（Victor Horta）在布鲁塞尔设计的都灵路 12 号住宅（图 1-41），室内有一个复杂开敞的楼梯，楼梯的扶手和支撑柱均用钢铁为材料加工成型。栏杆与铁柱上端的图形呈曲线和涡卷、韵律优美。墙面描绘的卷草图案与地面玻璃马赛克的拼花图形，构成一幅十分和谐、轻盈、极富流动感的画面，生硬而冷冰的钢铁在这儿变得柔软而富有生气。

10. 现代主义运动时期的室内设计

20 世纪初叶，工业化及其相关技术之发展，深刻改变了人们的生活面貌。电话与电灯的广泛运用，极大地提升了生活的便捷性；轮船、火车、汽车与飞机等新型交通工具的涌现，则为人们的出行带来了前所未有的选择。同时，在建筑领域，钢与钢筋混凝土等新型材料的广泛采用，亦推动了建筑技术的进步与革新。

在此过程中，工厂生产逐渐取代了传统的手工劳动，使得产品更加标准化、规模化。这一转变不仅提高了生产效率，也促进了经济的迅速发展。然而，随着时代的进步，人们也逐渐意识到，传统观念与现代社会之间的差距正在逐渐加大。在艺术、建筑等领域，这种感受尤为强烈，创新与变革成为推动行业发展的重要动力。

现代主义大师格罗皮乌斯曾提出：“我们正处在一个生活大变动的时期。旧社会在机器的冲击之下破碎了，新社会正在形成之中。在我们的设计工作里，重要的是不断地发展，随着生活的变化而改变表现方式……”现代主义是在新技术、新材料、新工艺的支持下发展起来的，建筑摆脱了承重墙的束缚，室内空间得以解放。大空间的出现和处理，为设计师带来了更大的发挥空间。包豪斯校舍（图 1-42）引人注目的外观来自车间建筑三层高的玻璃幕墙，其他各翼朴素的不带任何装饰的白墙，墙面上开着的条形大窗，以及宿舍外墙上突出的带有管状栏杆的小阳台。“包豪斯”校舍设计强调功能决定形式的理念，建筑的平面布局决定建筑形式，这是对传统设计理念的巨大冲击，影响十分深远。“包豪斯”的室内非常简洁，并且与功能、外观有着直接的关联。

图 1-39　米拉公寓

图 1-40　圣家族大教堂

图 1-41　布鲁塞尔都灵路 12 号住宅

图 1-42　包豪斯校舍

现代主义设计大师勒·柯布西耶提出了他著名的“新建筑五项原则”：独立的支撑结构；自由平面，不受承重墙限制；自由立面，即垂直面上的自由平面；水平条形窗；屋顶花园。他认为要把建筑美和技术美结合起来，把合乎目的性、合乎规律性作为艺术的标准，并把建筑从为少数所谓高品位的人服务转向为大众服务，提倡建筑产品工业化。在设计方法上，他十分注重自然因素对建筑的作用，强调阳光对建筑的表现力。柯布西耶在设计萨伏伊别墅（图 1-43）的时候，将室内空间的连接与划分进行了巧妙的组织，保证空间内充足的阳光和适宜的尺度，同时又使得各个空间之间保持连续性。

另一位现代大师赖特的代表作品流水别墅（图 1-44 和图 1-45），建筑高架在溪流之上，与自然环境融为一体，是现代建筑中最浪漫的实例之一。流水别墅共三层，采用非常单纯的长方形钢筋混凝土结构，层层出挑，设有宽大的阳台，底层直接通到溪流水面。未装饰的挑台和有薄金属框的带形窗暗示了设计者对欧洲现代主义的认识。流水别墅的室内空间设有自然石块和原木家具，非常强调与户外景观的联系，达到内外一体的效果。

图 1-43 萨伏伊别墅

图 1-44 流水别墅

图 1-45 流水别墅内景

11. 后现代主义时期的室内设计

20 世纪 60 年代，美国和西欧出现了反对或修正现代主义建筑的思潮，其中最有影响的是美国建筑师罗伯特·文丘里在《建筑的矛盾性和复杂性》（1966）中提出的一系列与现代主义针锋相对的观点。

他倡导一种复杂和有活力的建筑，提倡兼容并蓄，拒绝现代主义以往非黑即白、非此即彼的设计观念，倡导引用历史和乡土语言，推崇模糊性、讽喻性、象征性、装饰性、民族性、地方色彩、公众趣味和鲜明的个性等丰富多彩、兼容并包的设计形式。后现代主义在室内设计中表现得光怪陆离、良莠混杂。比较早期的作品有文丘里的栗子山母亲住宅（图 1-46 和图 1-47）。后现代主义的“隐喻”“装饰”和“文脉”成为其典型特征。

栗子山母亲住宅设计采用坡顶，其形式不仅符合传统遮风挡雨之理念，更彰显出一种经典美感。主立面整体呈现对称之美，而细部处理则打破常规，展现非对称的独特韵味。窗孔的大小与位置均根据内部功能需求精心布局，以确保实用性与美观性的完美结合。

山墙正中央巧妙地预留阴影缺口，仿佛将建筑一分为二，营造出一种独特的视觉张力。而入口门洞上方装饰的弧线则巧妙地连接了左右两部分，形成了一种既矛盾又和谐的视觉效果。这种矛盾的处理手法，不仅增添了建筑的艺术性，更凸显了设计师的匠心独运。

平面结构体系简洁而对称，但功能布局在中轴线两侧则呈现出非对称的特点。中央为开敞的起居厅，左侧布置卧室与卫浴空间，右侧则设有餐厅、厨房及后院，这种布局既体现了古典对称之美，又适应了现代生活的实际需求。

在细部处理上，楼梯与壁炉、烟囱之间的空间关系呈现出一种微妙的矛盾。为解决这一矛盾，设计师巧妙地调整了烟囱的位置，使其微微偏向一侧；同时，楼梯在遇到烟囱后变窄，形成了一种折中的解决方案。虽然楼梯的通行性受到一定影响，但加宽部分的下方可作为休息空间使用，且加宽的楼梯还可用于放置物品，实现了空间的合理利用。

此外，入口设计亦颇具特色。门洞开口宽敞，而凹廊进深较小，这种“既大又小”的设计手法既增强了入口的视觉效果，又保证了空间的实用性。而二层后侧的半圆落地窗与高大的女儿墙则形成了“既开敞又封闭”的对比效果，既展现了建筑的开放性，又保证了私密性。

图 1-46　文丘里的栗子山母亲住宅

图 1-47　栗子山母亲住宅立面图形

12. 解构主义室内设计

解构主义作为一种设计风格的探索兴起于 20 世纪 80 年代，它的形式实质是对结构主义的破坏和分解。解构主义对于正统原则和标准持否定和批判的态度，有明显的学术尝试和表现主义的特点。在设计的表现上与现代主义建筑显著的水平、垂直或这种简单集合形体的设计倾向相比，解构主义运用相互贯通、偏心、反转、回转等手法，具有不安定且富有运动感的形态的倾向。解构主义的特色是反中心、反非黑即白的理论，强调无序的、流动的、随心所欲的表达。常带有未完工的、支离破碎的、颠覆正常结构构造的特点。解构主义因其怪异独特和叛逆特点颇受关注，在现代材料和建造技术迅速发展的条件下，这种风格虽然不普及却依然有相对持久的影响力，尤其是可以满足信息化时代追求特异和未来感的空间设计。

扎哈·哈迪德的作品中有大量斜面、圆角的处理，将空间的流畅表现得淋漓尽致（图 1-48 和图 1-49）。

图 1-48　东大门设计广场室内空间

图 1-49　海达尔·阿利耶夫中心

任务三 室内设计的基本观点

室内设计，从满足现代功能、符合时代精神的要求出发，强调需要确立下述一些基本观点。

一、设计必须以满足人和人际活动的需要为核心

室内设计针对不同的人、不同的使用对象，应考虑他们不同的要求。空间设计，需要注意研究人们的行为心理、视觉感受方面的要求，区分不同的空间带给人不同的感受。

为人服务，这正是室内设计社会功能的基石。室内设计的目的是通过创造室内空间环境为人服务，设计师始终需要把人对室内环境的要求，包括物质使用和精神两方面的需求，放在设计的首位。

室内设计需要满足人们的生理、心理等要求，需要综合地处理人与环境、人与人等多项关系，需要在为人服务的前提下，综合解决使用功能、经济效益、舒适美观、环境氛围等种种要求。设计及实施的过程中还会涉及材料、设备、定额法规以及与施工管理的协调等诸多问题。可以认为，室内设计是一项综合性极强的系统工程，但是其出发点和归宿只能是为人和人际活动服务。

从为人服务这一社会功能的基石出发，需要设计师细致入微、设身处地地为人们创造美好的室内环境。因此，室内设计特别重视人体工程学、环境心理学、审美心理学等方面的研究，用以科学地、深入地了解人们的生理特点、行为心理和视觉感受等方面对室内环境的设计要求。

针对不同的人、不同的使用对象，应该考虑相应的不同的要求。例如，幼儿园室内的窗台，考虑到适应幼儿的尺度，窗台高度由通常的900~1000mm降至450~550mm；楼梯踏步的高度为120mm左右，并设置适应儿童和成人尺度的二档扶手；一些公共建筑顾及残疾人的通行和活动，在室内外高差、垂直交通、卫生间盥洗等许多方面应做无障碍设计。上面的例子，着重是从不同人群的行为生理的特点来考虑的。

在室内空间的组织、色彩和照明的选用方面，以及对室内环境氛围的烘托等方面，更需要研究人们的行为心理、视觉感受方面的要求。例如，教堂高耸的室内空间具有神秘感，会议厅规正的室内空间具有庄严感，而娱乐场所绚丽的色彩和缤纷闪烁的照明给人以兴奋、愉悦的心理感受。我们应该充分运用现时可行的物质技术手段和相应的经济条件，创造出满足人和人际活动所需的室内人工环境。

二、设计要加强整体环境观

室内设计的立意、构思、风格和环境氛围的创造，需要着眼于环境的整体、文化特征以及建筑功能特点等多方面。

（1）宏观环境（自然环境）：太空，大气；山川森林，平原草地；气候地理特征，自然景色，当地材料等。

（2）中观环境（城乡、街坊及室外环境）：城镇及乡村环境；社区街道建筑物及室外环境；历史文脉，民俗风情，建筑功能特点、形体、风格。

（3）微观环境（室内环境）：各类建筑的室内环境；室内功能特点、空间组织特点、风格。

从整体观念上来理解，室内设计是环境设计系列的“链中一环”。设计需要对环境整体有足够的了解和分析，室内设计也称室内环境设计，这里的“环境”着重有如下两层含义。

一层含义是，室内环境包括室内空间环境，视觉环境，空气质量环境，声、光、热等物理环境，心理环境等许多方面。在室内设计时，固然需要重视视觉环境，但是不应局限于视觉环境，对室内声、光、热等物理环境，空气质量环境以及心理环境等因素也应重视，因为人们对室内环境是否舒适的感受总是综合的。一个闷热、噪声很大的室内，即使看上去很漂亮，待在其中也很难给人愉悦的感受。

另一层含义是，把室内设计看成自然环境—城乡环境—社区街道、建筑室外环境—室内环境，这一环境系列的有机组成部分，是“链中一环”，它们相互之间有许多前因后果，或相互制约和提示的因素存在。

香港室内设计师 D. 凯勒先生在浙江东阳的一次学术活动中提出：“旅游酒店室内设计的最主要的一点，应该是让旅客在室内很容易联想到自己是在什么地方。”明斯克建筑师 E·巴诺玛列娃也曾提道：“室内设计是一项系统，它与下列因素有关，即整体功能特点、自然气候条件、城市建设状况和所在位置，以及地区文化传统和工程建造方式等。”环境整体意识薄弱，就容易就事论事，“关起门来做设计”，使创作的室内设计缺乏深度，没有内涵。当然，使用性质不同、功能特点各异的设计任务，对环境系列中各项内容联系的紧密程度也有所不同。但是，从人们对室内环境的物质和精神两个方面的综合感受来说，仍然应该强调对环境整体的充分重视。

三、设计强调科学性与艺术性的结合

现代设计的又一个基本点，是在室内设计过程中高度重视科学性、艺术性及其相互之间的结合。

1. 科学性

现代设计包括新型材料，结构构成，施工工艺，良好的声、光、热环境的设施设备的应用，以及设计手段的变化（电脑设计）等。

从建筑和室内发展的历史来看，具有创新精神的新风格的兴起，总是与社会生产力的发展相适应。社会生活和科学技术的进步，人们价值观和审美观的改变，促使室内设计必须充分重视并积极运用当代科学技术的成果。

贝聿铭先生的华盛顿艺术馆东馆（图 1-50）室内透视的比较方案，就是运用计算机绘制的，这些精确绘制的非直角的形体和空间关系，极为细致、真实地表达了室内空间的视觉形象。

2. 艺术性

现代设计在重视物质技术手段的同时，还高度重视建筑美学原理，重视创造具有表现力和感染力的室内空间形象，重视具有视觉愉悦和文化内涵的室内环境，从而使生活在现代社会高科技、高节奏中的人们，在心理上、精神上得到平衡，即现代建筑和室内设计中的高科技和高情感问题。室内空间的艺术性，是人类心理层面的至上精神追求。

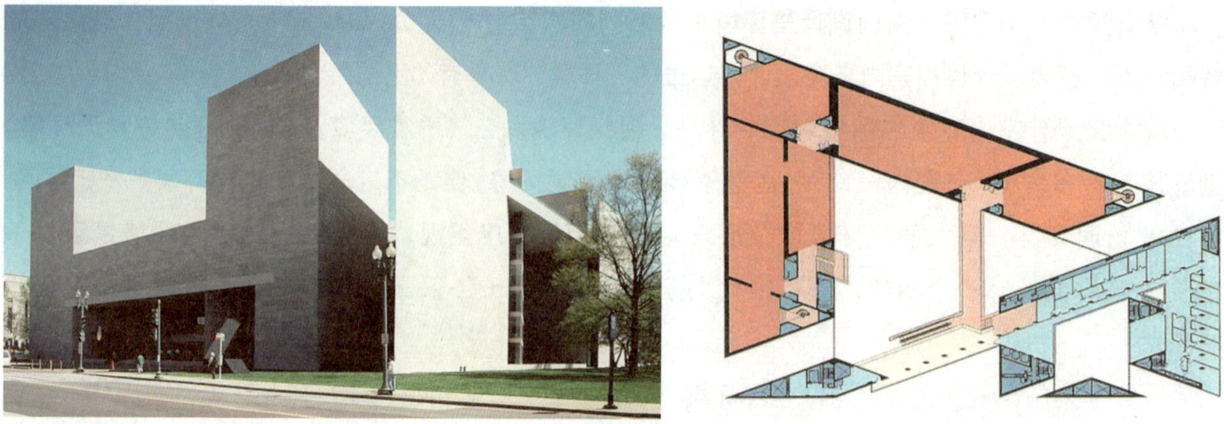

图 1-50　贝聿铭先生的华盛顿艺术馆东馆呈现的建筑空间特点

3. 科学性与艺术性的结合

现代设计在遇到不同的类型和功能特点的室内环境时可能在科学性上或在艺术性上有所侧重，但从宏观整体的设计观念出发，仍需两者结合，总之要达到生理要求与心理要求的平衡和综合。在具体工程设计时，科学性与艺术性两者绝不是割裂或者对立的，而是可以密切结合的。设计师丹尼尔·克拉里斯设计的武汉火车站（图 1-51），选择站场雨篷与车站屋顶的一体化设计塑造形成黄鹤意象，采用了钢管拱、网壳、桁架、树枝状单元结构等新型结构形式，巧妙满足了建筑外部造型和内部空间的需要，实现了建筑和结构的有机结合，结构的构成和构件本身又极具艺术表现力，很好地体现了科学性与艺术性的结合。

图 1-51　武汉火车站室内外呈现的建筑空间特点

尼迈亚设计的巴西利亚大教堂（图 1-52），建筑物的主要部分在地下，露出地面的是覆盖玻璃的金属曲线形的屋盖，屋盖的造型既符合钢筋混凝土和钢丝网水泥的结构受力要求，结构的构成和构件本身又极具艺术表现力，满足建筑设计的科学性、技术性要求。厅内 16 根抛物线状的支柱支撑起教堂的穹顶，支柱间用大块的彩色玻璃相接，远远望去如同皇冠，是科学性与艺术性的结合典型案例之一。

图 1-52　巴西利亚大教堂

四、设计要重视动态和可持续的发展观

1. 室内设计动态发展观点

我国清代文人李渔，在其室内装修专著中阐述了“与时变化，就地权宜”和“幽斋陈设，妙在日异月新”的观点，即强调“活变”的重要性。他建议，不同房间的门窗设计应各具特色，但在尺寸和规格上应保持一致，以便根据使用需求和室内氛围的变化，实现门窗的灵活更换和互换。李渔的“活变”观点虽局限于室内装修的构件和陈设，却已蕴含了因时因地制宜、以动态发展的视角来对待室内设计的理念。

市场经济、竞争机制，购物行为和经营方式的变化，新型装饰材料、高效照明、设施设备的推出，防火规范、建筑标准的修改等，这些因素都将促使现代室内设计在空间组织、平面布局、装修构造设施安装等方面留有更新、改造的余地。室内设计的依据因素、使用功能、审美要求等，都不能看成是一成不变的，而应以动态发展的过程来认识和对待。现今，我国城市不少酒楼、专卖店等的更新周期只有 2~3 年，星级酒店、宾馆的更新周期也只有 5~8 年。

2. 室内设计可持续发展观点

各类人为活动应重视有利于今后在生态、环境、能源、土地利用等方面的可持续发展。

“可持续发展”一词最早是在 20 世纪 80 年代中期欧洲的一些发达国家提出来的，1989 年 5 月联合国环境署发表了《关于可持续发展的声明》，提出可持续发展系指满足当前需要而不削弱子孙后代满足其需要之能力的发展。1993 年，联合国教科文组织和国际建筑师协会共同召开了“为可持续的未来进行设计”的世界大会。

因此，联系到现代室内环境的设计和创造，设计者不能急功近利，只顾眼前，而要确立节能，充分节约与利用室内空间，力求运用无污染的“绿色装饰材料”，坚持创造人与环境、人工环境与自然环境相协调的观点。满足动态和可持续的发展观，即要求室内设计师既考虑到发展有更新可变的一面，又考虑到发展在能源、环境、土地、生态等方面的可持续性。

任务四 室内设计行业与室内设计师

一、室内设计行业

室内设计行业自19世纪末在美国被室内装饰师正式确立以来，已在发达国家历经百余年的发展历程，并在此过程中逐步构建了成熟的行业规范、准入机制以及职业培训体系。相比之下，我国的室内设计行业虽起步于二十多年前，历史较短，但通过与国际同行的交流合作、国内高校的系统专业培养，以及行业协会定期组织的培训与研讨，已在经济发达地区逐步建立起相对完善的行业体系。

室内设计行业主要可以分为两类：住宅类设计（简称家装设计），非住宅类室内设计（简称公装设计）。而非住宅类室内设计又可按建筑的使用性质分为办公建筑、商业建筑、展览建筑、旅游建筑、医疗与保健康复类建筑、文化教育建筑、观演建筑、体育竞技与休闲运动建筑、交通建筑等类别。不同性质的建筑及使用人群对其室内空间的具体使用和审美要求存在明显的差异，所以“术业有专攻”使得室内设计行业的从业单位及个人在市场上有细分。

从市场细分来说，住宅类室内设计主要是为以家庭为单位的客户提供市区住宅或公寓、别墅，抑或兼有家庭办公功能的Loft等的室内设计及装修服务。室内设计师应针对特定的、数量有限的、结构保持相对稳定的用户群体展开工作。在设计过程中，设计师需与用户保持紧密的沟通，确保设计方案能够精准满足用户的个性化需求，同时充分展现其独特的生活方式和审美情趣。

非住宅类室内设计的业主以公司、团体为主，其空间使用人群通常具有一定的指向性，但是这种指向性相对较为模糊，存在着不确定性和可变性。因此除了必要的与业主沟通外，设计师需要更多地运用专业知识和创意为使用人群进行规划和设计。此类设计更大程度地依赖设计师的能力来塑造内部空间环境的品质，整个工程实施过程中的质量与效果控制也非常关键，同时需要结合国家和地方的各项相关法规和规范。

非住宅类室内设计项目因涉及较高的投资成本，业主方往往倾向于通过设计招投标的方式，对设计方案及其设计团队的业务能力进行全面评估与比较。这一流程是为了确保项目的公开、公正和公平性，使业主能够从中选择出最符合自身需求的设计单位和初步方案。通过严谨的竞标流程，最终确定设计单位和初步设计方案，以保证项目的顺利进行。

二、室内设计师

鉴于项目本身对室内设计师的要求以及室内设计行业的分工状况，现代室内设计师应该具备以下基本的专业知识和技能。

1. 与业主的沟通能力：通过深入的沟通交流，我们需要理解业主的期望，准确把握其审美偏好与价值观。同时，借助专业图纸和绘画技巧，以清晰、准确的语言，向业主呈现详尽的设计方案、预期效果、材料选用、色彩搭配以及设计细节，确保业主对设计成果有全面而深入的了解。

2. 理性分析、优化设计方案的能力：要求设计师在前期调研、方案设计过程中能及时整理归纳各种信息，通过理性分析，在功能布局、空间造型、动线组织、界面处理、色彩与材质搭配、光环境塑造等方面，进行可行方案的比较，从而获得最佳方案。

3. 协调各设备工种的能力：现代建筑体系已演进至一个更为高级的阶段，不仅局限于为使用者提供基本的安全庇护，而是着重关注使用者的身心健康、卫生安全，以及建筑的使用效能和内部环境质量。特别是公共建筑和大型建筑，其内部包含众多复杂的设备系统。这就要求室内设计师具备深入了解各类建筑设备系统运行原理的能力，熟悉它们对建筑空间的具体需求与影响。设计师需要能够全面协调暖通、给排水、电气等各专业设备的设计方案，提出有效的优化建议，以实现设备系统的合理化，进而为建筑空间创造更多的设计灵活性。

4. 熟悉建筑和装饰材料，掌握创造性运用材料的能力：随着现代材料科学的日新月异，新型建材层出不穷，为设计师和业主提供了更加广泛的选择空间。为了创造满足业主需求和符合预算的设计，设计师应积极加深对新型建材的理解，全面掌握各类建材的特性、应用场景、装饰效果、价格区间以及施工工艺要求。在此基础上，根据业主的预算和既定设计风格，精选并搭配最合适的材料，为空间赋予独特的表情。设计师对于建材的运用不应局限于传统的、刻板的模式，而应积极探索创新运用方式，通过合理的再创造，带来令人惊艳的空间新意。

5. 指导施工队伍、监督施工质量的能力：施工过程中，设计的理念和效果的实现，依赖于施工队伍按照施工图纸及现行施工工艺标准进行作业。然而，施工队伍人员素质存在差异，对设计单位提供的施工图纸的理解能力亦不尽相同，施工技术与经验亦因人而异。尽管多数项目的质量控制主要由项目经理和监理承担，但设计师在其中亦扮演着举足轻重的角色。

为确保施工质量与设计意图的高度一致，设计师应定期深入施工现场，向施工人员进行详细的设计阐释，协助他们全面理解施工图纸内容。对于关键节点的构造做法，设计师需与施工团队进行深入交流，确保施工工艺达到既定的高品质标准。当现场实际情况与设计图纸存在偏差时，设计师应迅速作出调整，而非由施工队伍自行处理。

6. 运用软装饰来营造室内氛围的能力：软装饰设计涵盖家具与灯具的策划与甄选，窗帘布幔的款式构思与材质选择，地毯的搭配以及软包织物与床上用品的协调，同时亦包括装饰品与室内绿化及景观小品的整体策划与融合。现代室内设计已将绿色、低碳等可持续发展理念深度融入，并大力推行，由此推动“轻装修，重装饰”的理念得到广大业主与设计师的普遍认同。多数软装饰可随主人迁移而重新利用，同时，它们对于塑造独特风格具有显著作用，使即便是遵循同一标准的全装修房也能展现出个性化的魅力与特色。

总之，室内设计师的养成绝非易事，而要想成为成功的室内设计师更是难上加难。系统的专业教育不仅旨在培养具备专业能力的从业人员，更在于提升学习者的综合艺术素养与发展潜力。此外，设计师还需培养自己发现、分析和解决问题的能力，以更好地服务业主，同时探索和引领积极健康的生活方式。

本章小结

____

____

____

____

思考练习题

1. [填空] 图 1-53 应为哪种柱式？请填写上正确的名称：__________。

图 1-53　柱式

2. [简答] 简述室内装饰、室内装修与室内设计的含义及三者之间的关系。

3. [简答] 古埃及的室内设计中，是如何体现精神和实体功能的双重作用？

4. [简答] 基督教堂里的彩色玻璃镶嵌画为何被称为“傻子的圣经”？

模块二
CHAPTER 2

室内设计的内容、分类和方法步骤

思政目标

通过学习室内设计的内容、分类和方法步骤，掌握室内设计相关知识点，培养爱岗敬业、严谨认真的学习态度。

知识目标

任务一　室内设计的内容

任务二　室内设计的分类

任务三　室内设计的方法与步骤

能力目标

1. 能归纳室内设计的内容
2. 能举例室内设计的类别
3. 能记忆室内设计的方法与步骤

素质目标

1. 培养学生从服务于人的需求分析出发的设计思维
2. 培养学生对室内设计的创新意识
3. 培养学生善观察、懂协作、重创意的专业素质

任务一 室内设计的内容

一、室内设计的内容

室内设计的内容包含的面很广，包括：根据使用和造型要求、原有建筑结构的已有条件，对室内空间的组织、调整和再创造；对室内平面功能的分析和布置；对实体界面的地面，墙面，顶棚（吊顶、天花）等各界面的线形和装饰设计；根据室内环境的功能性质和需要，烘托适宜的环境氛围，协同相关专业，对采光、照明、音质、室温等进行设计；按使用和造型要求确定室内主色调和色彩配置；根据相应的装饰标准选用各界面的装饰材料；在技术上确定不同界面、不同材质搭接的构造做法；还需要协调室内环境和水电等设施要求，以及考虑家具、灯具、陈设、标识、室内绿化等的选用、设计和布置。

我们可以将设计最为关键的项目，归纳为以下三个方面进行分析，这些方面的内容相互之间又有一定的内在联系。

1. 室内空间组织和界面处理

室内设计的空间组织，包括平面布置，首先需要充分理解原有建筑设计的意图，对建筑物的总体布局、功能分析、人流动向以及结构体系等有深入的了解，在室内设计时，对室内空间和平面布置予以完善、调整或再创造。由于现代社会生活的节奏加快，建筑功能的发展或变换，也需要对室内空间进行改造或重新组织，这在当前对各类建筑的更新改建任务中是最为常见的。同时，室内空间组织和平面布置，也必然包括对室内空间各界面围合方式的设计（图 2–1）。

图 2–1　室内空间组织示例

由于室内空间是三维的，为了更直观地感受三维空间的尺度、比例和空间之间的相互关系，除了效果图外，还可以用模型更为直观地来探讨室内空间的组织关系和表达室内空间的立体效果。

在室内空间组织设计中，需要注意建筑空间和装修后的室内空间，经常会由于安装必要的设施或装修材料的铺设，而使实际可使用的空间尺度减小。例如，在垂直方向由于室内顶部常有风管，有时还有消防喷淋总管等设施，占用必要的空间，室内的平顶通常要比建筑结构所给的高度低；地坪由于有找平层、装修面层或木地面的构造层等，使实际使用地坪标高抬高；在水平方向的公共建筑，如商场、地铁车站等的室内空间，经常会由于建筑设计时对装修饰面层的占有尺寸缺乏了解，而使装修完成后，水平方向的实际空间尺度比建筑结构图中所标的尺寸要小。上述情况都应该在建筑和室内设计时事先予以综合考虑。

室内界面处理是指对室内空间的各个围合面——地面、墙面、隔断、平顶等各界面——的使用功能和特点的分析，界面的形状、图形线脚、肌理构成的设计，以及界面和结构构件的连接构造，界面和风、水、电等管线设施的协调配合等方面的设计。图 2-2 为上音歌剧院厅内的界面形状和图案构成处理。图 2-3 为公共建筑室内天花板结合照明、风口的造型处理。

图 2-2　上音歌剧院厅内

图 2-3　室内界面处理示例

需要说明的一点是，界面处理不一定要做“加法”。从建筑物的使用性质、功能特点方面考虑，一些建筑物的结构构件（如网架屋盖、混凝土柱身、清水砖墙等），也可以不加装饰，作为界面处理的手法之一，这正是单纯的装饰和室内设计在设计思路上的不同之处。图 2-4 为人字结构构件与顶界面造型相结合示例，图 2-5 为混凝土柱身与界面造型的结合示例。

室内空间组织和界面处理是确定室内环境基本形体和线形的设计内容，设计时以物质功能和精神功能为依据，考虑相关的客观环境因素和主观的身心感受。

图 2-4　结构构件与界面造型的结合 1

图 2-5　结构构件与界面造型的结合 2

（该素材为 AIGC 或 AI 数字内容）

2. 室内光照、色彩设计和材质选用

“正是由于有了光，才使人眼能够分清不同的建筑形体和细部”（达・芬奇），光照是人们对外界视觉感受的前提。

室内光照是指室内环境的天然采光和人工照明，光照除了能满足正常的工作生活环境的采光、照明要求外，光照和光影效果还能有效地起到烘托室内环境气氛的作用。图 2-6 为天然采光与各种灯具照明示例。

图 2-6　天然采光与人工照明（该素材为 AIGC 或 AI 数字内容）

色彩是室内设计中最为生动、最为活跃的因素，室内色彩往往给人们留下室内环境的第一印象。色彩最具表现力，通过人们的视觉感受产生的生理、心理和类似物理的效应，形成丰富的联想、深刻的寓意和象征。

光和色不能分离，除了色光以外，色彩还必须依附于界面、家具、室内织物、绿化等物体。室内色彩设计需要根据建筑物的性格、室内使用性质、工作活动特点、停留时间长短等因素，确定室内主色调，选择适当的色彩配置。例如，淡雅、宁静以黑、白、灰“无色体系”为主的建筑室内，活泼、兴奋高彩度色系的娱乐休闲建筑室内。

材料质地的选用是室内设计中直接关系到实用效果和经济效益的重要环节，巧于用材是室内设计中的一大学问。饰面材料的选用，应同时满足使用功能和人们身心感受这两方面的要求，例如，坚硬、平整的花岗石地面，光滑、精巧的镜面饰面，轻柔、细软的室内纺织品，以及自然、亲切的木质面材等。室内设计毕竟不能停留于一幅彩稿，设计中的形、色，最终必须和所选“载体”——材质相统一。在光照下，室内的形、色、质融为一体，赋予人们以综合的视觉心理感受。

3. 室内内含物——家具、陈设、灯具、标识、绿化等——的设计和选用

家具、陈设、灯具、绿化等室内设计的内容，相对地可以脱离界面布置于室内空间里（固定家具、嵌入灯具及壁画等与界面组合），在室内环境中，实用和观赏的作用都极为突出，通常它们都处于视觉中显著的位置，家具还直接与人体相接触，感受距离最为接近。家具、陈设、灯具、标识、绿化等对烘托室内环境气氛和形成室内设计风格等方面起到举足轻重的作用。

对室内内含物设计、配置的总的要求是与室内空间和界面的整体协调，这些内含物的相互之间也有一个相互协调的问题，这里所说的协调是指在尺度、色彩、造型和风格氛围等方面。

室内绿化在现代室内设计中具有不能代替的特殊作用。室内绿化具有改善室内小气候和吸附粉尘的功能，更为重要的是，室内绿化使室内环境生机勃勃，带来自然气息，令人赏心悦目，起到柔化室内人工环境，在高节奏的现代社会生活中协调人们心理使之平衡的作用。

上述室内设计内容所列的三个方面，其实是一个有机联系的整体：光、色、形体让人们能综合地

感受室内环境，光照下界面和家具等是色彩和造型的依托“载体”，灯具、陈设又必须和空间尺度、界面风格相协调。

现代室内设计的相关因素涉及许多学科和领域，人们常称建筑学是工科中的文科，现代室内设计正处在建筑艺术和工程技术、社会科学和自然科学的交汇点。现代室内设计与一些学科和工程技术因素的关系极为密切，学科包括建筑美学、材料学、人体工程学、环境物理学、环境心理和行为学等，技术因素包括结构构成、室内设施和设备、施工工艺和工程经济、质量检测以及计算机技术在室内设计中的应用等。

现代室内设计是建筑设计的继续、发展和深化，因此，与建筑学相关的技术、艺术因素、环境、人文地理等，都是室内设计师需要认真学习和深刻理解的，涉及较高要求的专项技术的内容，如建筑声学、室内照明、室内环控、室内智能化等。设计者除了应该具备这些相关技术的基础知识外，还应该与相关学科的专业人员协同解决相应的专业技术问题。

任务二 室内设计的分类

室内设计和建筑设计类同，从大的类别来分可分为居住建筑室内设计、公共建筑室内设计、工业建筑室内设计、农业建筑室内设计（图 2-7）。

各类建筑中不同类型的建筑之间，还有一些使用功能相同的室内空间，例如，门厅、过厅、电梯厅、中庭、盥洗间、浴厕以及一般功能的门卫室、办公室、会议室、接待室等。当然在具体工程项目的设计任务中，这些室内空间的规模、标准和相应的使用要求还会有不少差异，需要具体分析。

各种类型建筑室内设计的分类以及主要房间的设计如下：

由于室内空间使用功能的性质和特点不同，各类建筑主要房间的室内设计对文化艺术和工艺过程等方面的要求，各自有所侧重。例如，纪念性建筑和宗教建筑等有特殊功能要求的主厅，对纪念性、艺术性、文化内涵等精神功能的设计方面的要求就比较突出；而工业、农业等生产性建筑的车间和用房，相对的对生产工艺流程以及室内物理环境（如温湿度、光照、设施、设备等）的创造方面的要求较为严密。

室内空间环境按建筑类型及其功能的设计分类，其意义主要在于：使设计者在接受室内设计任务时，首先应该明确所设计的室内空间的使用性质，即所谓设计的“功能定位”，这是由于室内设计造型风格的确定、色彩和照明的考虑以及装饰材质的选用，无不与所设计的室内空间的使用性质和设计对象的物质功能和精神功能紧密联系在一起。例如住宅建筑的室内设计，即使经济上有可能，也不适宜在造型、用色、用材方面使“居住装饰宾馆化”，因为住宅的居室和宾馆大堂、游乐场所之间的基本功能和要求的环境氛围是截然不同的。

室内设计如果从空间形态和组合特征来分类，可以分为大空间、相同空间的排列组合、序列空间以及交通联系空间等。大空间通常包括会场、剧场的观众厅、体育馆等，由于体量较大，在顶盖结构、空调及消防设施以及大空间厅内人员的视、听和疏散安全等方面，设计时都有相应的特殊要求。相同空间的排列组合，主要是指教室、病房等室内空间的排列组合。序列空间主要是指人们进入该建筑后，将遵循一定的顺序通过各个使用空间，如博物馆、展览馆、火车站、航站楼等。交通联系空间是指门厅、过厅、走廊、电梯厅等。不同的空间形态和空间组合特征在室内设计时都需要注意其相应的特点和设计方法。

- 居住建筑室内设计
  - 住宅设计
  - 公寓设计
  - 宿舍设计
- 公共建筑室内设计
  - 文教建筑室内设计：幼儿园、学校、图书馆设计
  - 医疗建筑室内设计：医院、门诊所、疗养院设计
  - 商业建筑室内设计：专卖店、商场、餐饮店设计
  - 办公建筑室内设计：各类办公楼设计
  - 展览建筑室内设计：美术馆、展览馆、博物馆设计
- 工业建筑室内设计
  - 厂房、车间设计
  - 生活间设计
- 农业建筑室内设计
  - 农业生产用房设计
  - 种植暖房、饲养房设计

图 2-7　室内设计的分类

思考

起居室与客厅有什么区别与联系？

任务三 室内设计的方法与步骤

一、室内设计的方法

室内设计是一个牵涉多学科、多领域的综合性复杂过程。其核心目标在于，借助适当的造型技术与材料，精心构建出符合预期的室内空间，并精准无误地传达给业主。在这一过程中，正确的思维模式与合理的工作方法无疑起到了至关重要的作用，它们是确保设计目标顺利达成的两大关键因素。

1. 大处着眼、细处着手，总体与细部反复推敲

大处着眼，是室内设计应该坚持的基本观点。大处着眼就是以室内设计的总体框架为切入点，这样就容易建立一个全局观念，起点比较高；框架建立之后，进行细化设计，也就是细处着手。只有这样反复推敲，设计才能有全局观，才能深入，才能符合客观实际的需要。

2. 从里到外、从外到里，局部与整体协调统一

“里”是指某一室内环境，“外”是指与这一室内环境连接的其他室内环境，以及建筑物的室外环境，里外之间有着相互依存的密切关系。设计时需要从里到外，从外到里多次反复协调，才能更趋完善合理，使室内环境与建筑整体（包括室外环境）的性质、标准、风格协调统一。经过“从里到外”“从外到里”的多次推敲，设计的整体性才能达到最大。

3. 意在笔先、笔意同步，立意与表达并重

意在笔先，是指设计的构思、立意至关重要，应该有了构思和立意之后才开始动笔。可以说一项室内设计，没有立意就等于没有“灵魂”。然而，一个好的构思往往很难得，需要有足够的信息量，需要有一定的商讨和思考时间，因此在实际工作中，也常常边动笔边构思，即所谓笔意同步，在不断推敲的过程中，使立意和构思逐步明确。但是，不管如何，一项优秀设计的关键因素仍然是要有一个好的构思和立意。

对于设计人员而言，还必须正确、完整又有表现力地表达出室内设计的构思和意图，使业主和评审人员能够通过图纸、模型、多媒体等表达手段，全面地了解设计意图。设计成果质量的完整、精确、优美亦应该是优秀室内设计作品的必备品质。

二、室内设计的步骤

室内设计是一个系统的过程，完成与实现一个好的设计，应该具备明确的工作思路。可以将室内设计的整个过程分为以下四个步骤：项目分析准备和调研、构思方案与确定、方案深入细化与论证、设计方案的实施。

（一）项目分析准备和调研

这个阶段的主要任务和工作内容是全方位了解和收集项目相关资料，分析、综合与设计目标相关的各类基础条件，为之后的方案进行、设计目标系统的锁定和确定提供科学而系统的参考数据。

1. 设计准备阶段的思考

常言道：“兵马未动，粮草先行。”为了彻底避免“巧妇难为无米之炊”的难堪局面，对设计的

条件反复进行分析、考察是极为必要的。

（1）要明确为谁设计

这是确定设计以人为本的关键所在，了解设计受众（业主）的需求目的，是设计的首要问题。每一项设计任务，由于委托方和设计受众的不同，即使客观物质条件是一样的，设计结果也会迥然不同。例如，同样性质的公共空间设计，即使是功能完全相同的公共空间，由于委托方和设计受众的文化差异性、性别差异性、年龄差异性等，都会使设计呈现多样化的结果。因此，我们必须对设计受众进行分析，确定其物质与精神需求。这里要格外强调人的需求现状是物质需求与精神需求的并存，我们的设计在考虑物质功能的同时，也应该将审美需求放到同样重要的地位上予以考虑。

（2）要明确为什么设计

设计师在酝酿设计思绪时，必须要明确设计自身的意义。设计需要解决什么样的相关问题？是因为创业而需要办公空间，还是因为业务扩大而需要办公空间，或是因为承接某项特别业务而需要设计办公空间呢？这些不同的需求因素都会带来设计上的变化。因此，设计师必须学会深究需求的原因，才能找到正确的答案。

（3）要明确设计什么

这个问题看似有点多余，其实不然，并非每一个设计师都非常清楚自己在设计什么。对于这个问题，设计师应该有自己的答案。问题的关键不是要求设计师知道做什么，而是要设计师知道为什么这样做，以及如何去做，这个问题的答案只有分析了设计受众，了解到他们为什么需要这种设计，以及分析了所有的设计条件后才能获得。

（4）要明确什么时候设计

这个问题有两层含义：其一是需要拟订设计进度表，以便按时、按质、按量地完成设计任务；其二是需要设计师认真研究时下的设计流行趋势和审美情趣。除了形式美的规律外，时尚性要素是审美活动中的一个异常关键的要素。时尚性是一个流行且不断变化的要素，不同的时代具有不同的审美取向，这种趋向直接关系到设计的成败。

以上四点内容可以以文案的形式记录在案，并且通过系统分析得出结论。这样也就能更好地为下一步的视觉传达设计作准备，室内设计最终会通过空间的形态、材料和肌理、光和色等视觉形态来完成功能内容。可以看出，视觉形象的把握是艺术设计的一个主要技术手段，也是设计与美学结合的关键点。

2. 设计任务书的分析

设计师接到设计任务后，通常第一件事就是对设计任务书（还要向业主索要相关图纸文件，包括整套建筑施工图纸等）进行认真的研究，弄清楚设计对象的内容、条件、标准等一些重要的问题。在一些特殊的情况下，设计的委托方由于种种原因而没有能力提出设计委托书，仅仅只能表达一种设计的意向，并附带说明一下自己的经济条件或可能的投资金额。在这种情况下，设计师还不得不与业主（委托方）一起做可行性研究，拟定一份合乎实际需求的、双方都认可的设计任务书。拟定设计任务书，务必要与经济上的可能性联系起来考虑，因为要求是无限的，而投资的可能性则往往是极为有限的。

了解设计任务书的目的主要在于两个方面：一是研究使用功能，了解室内环境设计任务的性质以及满足从事某种活动的空间容量。这如同器皿设计，先了解所设计的器皿容纳什么物质，以便确定制作它的材料与方法。然后是对器皿的容量进行研究，以便确定体积、空间、大小等数量关系。二是结合设计命题来研究所必需的设计条件，搞清所设计的项目要涉及哪些背景知识，需要何种、多少有关的参考资料等。

3. 实地进行相关的调研

设计师必须实地勘察和收集相关项目背景资料及同类项目资料，有时甚至需要异地考察，查看相关同类项目的特点，进行针对性的优劣势分析，能将相关资讯进行合理的筛选，为该设计项目所用。实地勘察对设计项目现场情况摸底，对照建筑施工图与现场建筑结构特点进一步确认，分析下一步设计构思时要注意的关键点，并进行专项记录，以便以后能够更好地将资料和构思系统化。这阶段还要注意与业主很好地进行沟通，记录并确认业主的行业性质、设计范围、功能需求、中长期规划情况、空间意象、风格定位、造价标准等，为设计提供基础条件和创意来源。

小组活动

1. 同一寝室的成员为小组或自行组合小组成员，每小组共同测量自己寝室的平面尺寸，并用 A3 绘图纸尺规作图，绘制出寝室的平面图。

____

____

____

____

2. 每小组共同测量自己寝室的立面尺寸，并用 A3 绘图纸尺规作图，绘制出寝室的立面图。

____

____

____

____

（二）构思方案与确定

设计师从前面的项目准备工作中逐渐理顺设计思路，很快形成概念方案。对于一个项目，好的切实的概念方案的提出，能够为以后方案的深入打下良好基础，使之能够自然顺畅地向下进行。设计师借助多种手段相结合的方式来完成概念方案的提出，其中，手绘草图以其能够快速记录并表达设计师创作灵感和思维过程这一特征成为设计师的主要工具。此外，一些专业软件也能够给予一定的支持。

设计师在此阶段可能会有多个概念草案出来，对不同草案进行分析、推敲、权衡、比较，对设计的概念草案进行深入细化和修改，完成初步方案。这个阶段中，与设计委托方的沟通是必需的。设计师应当通过各种方式，完整地向委托方表达出自己设计的构思与意图，并征得对方的认可。如果在设计构思上与委托方有较大的差距，则应当尽力寻求共识，达成一致的意见，因为任何一个成功的设计，都是被双方认可后才有可能成为现实。

在这个阶段的后期，所有的图纸在经过修改和核准，甚至不断综合和汇总后，最终又得到一个新的结果，这个结果就是正式方案的提出阶段。正式方案的提出是建立在明确的初步方案上的，是从各个方面对初步方案的深入，并将提出的概念用可识别的视觉语言表达出来。按照设计的要求， 应当按适当的比例绘制成正式的图纸，这里方案的文件通常包括以下内容。

1. 室内装饰工程

（1）设计说明，详细介绍项目背景、设计概念、设计目标、设计手法等，用文字和图表的方法，完整地表示设计的意图和构思的重点，也作为图纸和透视图的补充。

（2）空间特性评价，针对项目中各个重点空间设计概念特点，阐述设计理念，形象表达设计意图。

（3）总平面图，包括同一楼层、不同位置的各个室内，也涵盖多楼层、相关楼层的总平面， 有时甚至包括一层平面的室外部分。

（4）分层分区功能平面图，按照比例绘制，包括墙体形式、房间面积、家具、铺地材料等。

（5）顶棚平面图，能表示出室内灯具、天花板吊顶设计、空调出风口位置等状态，通常采用与平面相对应的比例。

（6）主要立面图，配合功能平面，精确描绘出墙体设计造型关系。

（7）主要剖面图，剖析主要空间层次，了解并分析空间设计特点。

（8）色彩设计图，对于设计中每个空间都能很好地掌控色彩设计基调，协调空间氛围。

（9）照明设计图，完善天花板设计细节、重点空间灯饰造型，强调概念设计。

（10）透视图（可手绘也可电脑绘制），比较直观、逼真地向设计委托方表达设计的意图，展示设计成果，方便委托方全面了解设计的最终效果，并确定设计方案。

（11）饰面一览表，根据设计的需要和委托方的要求，确定室内主要材料的实样或样本，如墙面、地面的石材、地毯、墙纸、纺织面料、木饰面板等，这些材料通常都可以用实物展示。

2. 家具工程

家具工程包括设计说明（基本构思定位、设计目标、设计元素、材料等），模型图，平立剖三视图，饰面一览表，细部构造。

3. 图纸成果

各项不同的图纸，可以按照要求装订成统一规格的文本文件，如 A3 或 A2 尺寸的文本。通常效果图及主要的平面图等图纸还可以装裱成较大幅面的版面，以供有关人员在会议或其他场合观看， 并且可以考虑制作视频动画，配讲解方案或 PPT 电子文件汇报。

另外，设计师在这一阶段最好还要从以下几个方面对所完成的设计情况进行自检：

（1）是否满足功能要求。

（2）是否维护并深化了概念。

（3）是否清晰界定、解决了特定问题。

（4）是否考虑了体量大小、材料、形态特征、人体工学、安全性、施工条件、成本、建造成本、行业规范等细节。

（5）是否表达到位。

（三）方案深入细化与论证

室内设计由纸上方案到切实可用的空间，这其中少不了施工图的绘制这一重要环节，这一过程是对之前提出方案的深入细化与论证。施工图的绘制是以材料构造体系和空间尺度体系作为基础的，施工图是室内设计施工的技术语言，是室内设计唯一的施工依据。

如果说概念草图阶段以“构思“为主要内容，方案阶段以“表现”为主要内容，施工图阶段则以“标准”为主要内容。再好的构思，再美的表现，倘若离开施工图作为标准的控制，都有可能使设计创意面目全非，只能流于纸上谈兵。可见，若要准确无误地实施室内设计方案，就必须依靠施工图阶段的深化设计，因此可以说，施工图绘制是一个二度创作的过程，称其为“施工图设计”一点也不为过。

1. 施工图的作用

施工图设计文件在室内设计施工过程中起着主导作用，主要包括以下几点：

（1）能据以编制施工组织计划及预算。

（2）能作为进行施工招标的依据。

（3）能据以安排材料、设备订货及非标准材料、构件的制作。

（4）能据以组织工程施工及安装。

（5）能据以进行工程验收。

2. 施工图设计应把握的要点

（1）不同类型材料的使用特征

设计师要切实掌握材料的物理特性、规格尺寸、装饰美感及最佳艺术表现力。

（2）材料连接的构造特征

装修界面的艺术表现与材料构造的连接方式有必然的联系，应充分利用构造特征来表达预想的设计意图。

（3）环境系统设备与空间整体有机整合

环境系统设备部件，如灯具样式、空调风口、暖气造型、管道走向等，应成为空间整体的有机组成部分。

（4）界面与材料过渡处理方式

人的视觉焦点往往集中在线型的交接点，因此，空间界面转折与材料过渡的处理成为表现空间细节的关键。

3. 施工图文件的基本内容

室内设计施工图文件应根据已获批准的设计方案进行编制，内容以图纸为主。其编排顺序如下。

（1）封面

施工图文件封面应写明装饰工程项目名称、设计单位名称、设计阶段（施工图设计）、设计编号、编制日期等，封面上应盖设计单位设计专用章。

（2）图纸目录

图纸目录是施工图纸的明细和索引，应排在施工图纸的最前面，而且不编入图纸序号内，其作用在于出图后增加或修改图纸时方便目录的续编。图纸目录应先列新绘图纸，后列选用的标准图或重复利用图。应写明序号、图纸名称、工程号、图号、备注等，并加盖设计单位设计专用章。注意目录上的图号、图纸名称应与相应图纸的图号、图名一致。图号从“1”开始依次编排。

（3）设计说明

工程概况应写明项目名称、项目地点、建设单位等，同时应写明建筑面积、耐火等级、设计范围、设计构思等。

（4）施工图设计依据

设计应依据国家及地方法规、政策、标准化设计及其他相关规定，着重说明装饰遵循防火、生态环保等规范方面的情况。

（5）施工图设计说明

用语言文字的形式表达设计对材料、设备等的选择和对工程质量的要求，规定材料、做法及安装质量要求。同时，对新材料、新工艺的采用应作相应说明。施工图设计说明作为设计的明确要求，成为竣工验收、预算、投标以及施工的重要依据。

（6）图纸

图纸是指具体的平面图、顶棚平面图、立面图、剖面图、节点大样详图等。

①平面图是室内设计施工图中最基础、最主要的图纸，其他图纸都是以它为依据派生和深化而成的。同时，平面图也是其他相关专业（结构、水暖、消防、照明、空调等）进行分项设计与制图的重要依据，其技术要求也主要在平面图中表示。概括起来包括以下几点：

a. 标明建筑的平面形状和尺寸。施工平面图要与建筑图相对应，要标注建筑的轴线尺寸及编号。

b. 标明装修构造形式在建筑内的平面位置以及与建筑结构的相互尺寸关系。标明装饰构造的具体形状及尺寸，标明地面饰面材料及重要工艺做法。

c. 标明各立面图的视图投影关系和视图位置编号。

d. 标明各剖面图的剖切位置、详图等的位置编号。

e. 标明各种房间的位置及功能。走廊、楼梯、防火通道、安全门、防火门等空间的位置与尺寸，该情况一般出现在施工总平面图中。

f. 标明门、窗的位置及开启方向。

g. 注明平面图中地面高度变化形成的不同标高。

②顶棚平面图。在施工图中，顶棚平面图所表现的内容如下:

a. 表现顶棚吊顶装饰造型样式、尺寸及标高。

b. 说明顶棚所用材料及规格。

c. 标明灯具名称、规格、位置或间距。

d. 标明空调风口形式、位置，消防报警系统及音响系统的位置。

e. 标明顶棚吊顶剖面图的剖切位置和剖切编号。

③立面图。立面图表示建筑内部空间各墙面以及各种固定装修设置的相关尺寸、相关位置。立面图的基本内容及识图要点如下:

a. 在立面图上，一般采用相对标高，即以室内地面作为正负零，并以此为基准点来标明地台、踏步、吊顶的标高。

b. 表明装饰顶棚吊顶的高度尺寸及相互关系尺寸。

c. 表明墙面造型的式样，用文字说明材料用法及工艺要求，但要搞清楚立面上可能存在许多装饰层次，要注意它们之间的关系、收口方式、工艺原理和所用材料。这些收口方法的详图，可在剖面图或节点大样详图上反映。

d. 表明墙面所用设备（空调风口）的定位尺寸、规格尺寸。

e. 表明门、窗、装饰隔断等的定位尺寸和简单装饰样式（应另出详图）。

f. 搞清楚建筑结构与装饰构造的连接方式、衔接方法、相关尺寸。

g. 要注意设备的安装位置，开关、插座等的数量，安装定位应符合规范要求。

h. 各立面绘制时，尤其要注意的是它们之间的相互关系。不应孤立地关注单个立面的装饰效果，而应注重空间视觉整体。

④剖面图及节点大样详图。

剖面图是将装饰面整个竖向剖切或局部剖切，以表达其内部构造的视图。界面层次与材料构造在施工图里主要表现在剖面图中，这是施工图的主要部分，严格的剖面图绘制应详细表现不同材料和材料与界面连接的构造关系。由于现代装饰材料的发展，不少材料都有着自己的标准的安装方式。因此，如今的剖面图绘制重点侧重于剖面线的尺度推敲与不同材料衔接的方式，而不再关注过于常规的、具体的施工做法。

节点大样详图是整套施工图纸中不可或缺的重要部分，是施工过程中准确地完成设计意图的依据之一。节点大样详图是将两个或多个装饰面的交接点，按照水平或垂直方向剖切，并以放大的形式绘制的视图。

a. 剖面图剖视位置宜选择在层高不同、空间比较复杂或具有代表性的部位，应注明材料名称、节点构造及大样详图的索引符号。主体剖切符号一般应绘在底层平面图内。

b. 平、立、剖面图中尚未能表示清楚的一些特殊的局部构造、材料做法及主要造型材料样板。材料做法表应包含本设计各部位的主要装饰用料及构造做法，以文字逐层叙述的方法为主或引用标准图的做法与编号，也可用表格的形式表达。材料做法表一般应放在设计说明之后。而材料样板则是通过具体真实材料制作的一项可依据的设计文件。它易使人感受到预定的真实效果，同时也作为工程验收的法律依据之一。

4. 施工图设计文件签署

所有的施工图设计文件的签字栏里都应完整地签署设计负责人、设计人、制图人、校对人、审核人等姓名；若有其他相关专业配合完成的设计文件，应由各专业人员进行会签。

一套完整的施工图纸一般包括三个层面的内容：界面材料与设备定位，界面层次与材料构造，细部尺度与图案样式。界面材料与设备定位在施工图里主要表现在室内设计的平面图、顶棚平面图及立面图中。与方案图不同的是，施工图里的平、立面图主要表现其地面、墙面、顶棚的构造样式，材料分界与搭配组合，标注灯具、供暖通风、给水排水、消防烟感喷淋、电信网络、音响设备等各类端口位置。

常用的施工图中平、立面图的比例一般分别为 1 ∶ 100、1 ∶ 50，重点界面也可放大到 1 ∶ 10、1 ∶ 20 或 1 ∶ 30。

应该强调的是，对于一些规模较小或设计要求较为简单的室内装饰工程，施工图文件的编制可依据本规定作相应的简化和调整。

（四）设计方案的实施

施工图绘制的完成标志着该项目在图纸阶段的工作已经基本完成，接下来就是进行施工图审核。施工图审核有两个层面的理解：一是设计单位对图纸的自我审核校对；二是工程开工前，施工图纸下发到建设单位、施工单位和施工监理单位后，设计单位与另外三方一起进行图纸会审。

另外，从 2000 年 1 月起，有关建筑工程的设计施工图均要经过专门机构的审查，主要由建设行政主管部门组建的审查机构或经过国家审批的全国甲级设计单位的审查机构进行图纸审查，重点审查施工图文件对安全及强制性法规、标准的执行情况。这是建设行政主管部门对建筑工程设计质量进行监管的有效途径之一。通过签发施工许可证，施工单位凭施工许可证方可进行施工。当然，这只是针对建筑设计的施工图审查，目前室内设计领域还没有实行由相关主管部门进行的图纸审查制度，但不久的将来，随着国家对建筑工程项目监管的严格及重视，也会形成相应的图纸审查制度。目前，室内设计施工图要求施工前必须报送当地消防主管部门备案，方可进行施工。

1. 技术交底

技术交底是设计单位的设计师在工程施工之前，就设计文件和有关工程的各项技术要求向施工单位作出具体解释和详细说明，使参与施工的技术人员了解项目的特点、技术要求、施工工艺及重点难点等。技术交底可以分为口头交底、书面交底、样板交底等。严格意义上，一般应以书面交底为主，以口头交底为辅。书面交底应由各方进行签字归档。

（1）图纸交底

设计单位就设计图纸的要求、做法、构造、材料等向施工单位的技术人员进行详细说明、交代和协商，并由施工方对图纸进行咨询或提出相关问题，落实解决办法。

图纸交底中确定的有关技术问题和处理办法，应作详细记录、认真整理和汇总，经各单位技术负责人会签，建设单位盖章后，形成正式设计文件。图纸技术交底的文件记录具有与施工图同等的法律效力。

（2）施工组织设计交底

施工组织设计交底就是施工单位向施工班组及技术人员介绍，具体交代本工程的特点、施工方案、进度要求、质量要求及管理措施等。

（3）设计变更交底

对设计变更的结果和内容应及时通知施工管理人员和技术人员，以避免出现差错，同时也利于经济核算。

（4）分项工程技术交底

分项工程技术交底是各级技术交底的重要环节。分项工程技术交底包括施工工艺、质量标准、技术措施、安全要求以及对新材料、新技术、新工艺的特殊要求等进行具体说明。

2. 现场施工指导

在施工过程中，设计师必须跟进施工现场，经常在现场指导施工，就图纸提供的一些构造、尺寸、色彩、图案等是否符合现场具体情况，完善和交代图纸中没有设计的部分，处理与各专业之间出现的矛盾等。设计师会根据某些变化，对原设计进行局部调整和修改。

另外，施工过程中要有洽商记录的习惯，对一些变化、修改、调整、增减项目等情况进行记录，此记录贯穿于施工全过程，同时也为绘制竣工图提供依据。施工单位不能随意擅自变更设计及与设计相关的内容和要求。

3. 竣工图的绘制

在工程最后收尾阶段，也可以是工程基本完成、试运营阶段，设计单位组织设计人员跟进现场，完成竣工图的绘制，最终竣工图必须与工程完工现场一致。

（1）竣工图是在原施工图基础上进行的，是根据现场施工竣工的真实状况修改后完成的。如果某些原施工图没有改动的地方，也可以理解成按照施工图施工而没有任何变更的图纸，可以转作竣工图，并加盖竣工图章。

（2）竣工图结合洽商记录，如门窗型号的改变、某些材料的变化、灯具开关型号的调整及设备配置位置的变化等，对原施工图进行改绘。

（3）竣工图结合设计变更，就设计上诸如尺寸的变化、造型的改变、色彩的调整等情况进行改绘。

（4）工程项目中，工程时常会有增加或减少某些小项的可能，这些行为会引起工程造价的变化。这些情况必须如实地反馈到竣工图里。

施工完成后，设计师还要及时对项目进行现场或电话回访，以进行最后的完善，并且可以自我总结。

本章小结

思考练习题

1.[简答] 在项目分析准备和调研阶段，室内设计师的工作主要包括哪些？

2.[简答] 在设计方案实施阶段，技术交底包含了哪些工作？

3.[简答] 设计师在施工阶段的现场施工指导包括哪些工作？

模块三
CHAPTER 3

室内空间组织和界面处理

思政目标

通过学习室内空间的组织和界面处理，掌握室内设计相关知识点，培养审美意识和设计创新的学习态度。

知识目标

任务一　室内空间组织

任务二　室内界面的处理

能力目标

1. 能理解室内空间的类型
2. 能举例常见的室内基本空间形态
3. 能学习室内空间界面的处理方法

素质目标

1. 培养学生从服务于人的需求分析出发的设计思维
2. 培养学生对室内设计的创新意识
3. 培养学生善观察、懂协作、重创意的专业素质

任务一　室内空间组织

人类劳动的显著特点，就是不但能适应环境，而且能改造环境，创建适应人们生活居住的人工环境。从原始人的穴居，发展到具有完善设施的室内空间，是人类经过漫长的岁月，对自然环境进行长期改造的结果。最早的室内空间是3000年前的洞窟，从洞窟内反映当时游牧生活的壁画来看，人类早期就开始注意装饰自己的居住环境。室内环境是反映人类物质生活和精神生活的一面镜子，是生活创造的舞台。人的本质趋向于有选择地对待现实，并按照他们自己的生活活动所需和思想、愿望来加以改造和调整，现实环境总是不能满足他们的要求。不同时代的生活方式和行为模式，对室内空间提出了不同的要求。正是由于人类不断改造和现实生活紧密相连的室内环境，使得室内空间的发展变得永无止境，并在空间的量和质两方面充分体现出来（图3-1）。

图3-1　卡帕多西亚山洞穴居旅馆

自然环境既有有益于人类的一面，如阳光、空气、水、绿化等；也有不利于人类的一面，如暴风雪、地震、海啸、泥石流等。因此，室内空间最初的主要功能是对自然界有害性侵袭的防范，特别是对经常性的日晒、风雨的防范，仅作为赖以生存的掩体，由此而产生了室内外空间的区别。但在创造室内环境时，人类也十分注重与大自然的结合。人类社会发展至今日，人们越来越认识到改造自然，并不意味着可以对自然资源进行无限制的掠夺和索取，建设城市、创造现代化的居住环境，并不意味着可以不依赖自然，任意破坏自然生态结构，甚至消灭其他生物和植被，使人和自然对立、隔绝。与此相反，人类在自身发展的同时，必须尊重和保护赖以生存的自然环境。因此，确立“天人合一”的理念， 维持生态平衡，返璞归真，回归自然，创造可持续发展的建筑和室内外环境，已成为人们的共识。对室内设计来说，这种内与外、人工与自然、外部空间与内部空间的紧密相连的、合乎逻辑的内涵，是室内设计的基本出发点，也是室内外空间交融、渗透、更替现象产生的基础，并表现在空间上既分隔又联系的多类型、多层次的设计手法上，以满足不同条件下对空间环境的不同需要。

一、室内空间的概念

人工环境的室内空间是人类劳动的产物，是相对于自然空间而言的，是人类有序生活组织所需要的物质产品。人对空间的需要，是一个从低级到高级，从满足生活上的物质要求到满足心理上的精神需要的发展过程。但是，不论物质或精神上的需要，都受到当时社会生产力、科学技术水平和经济文化等方面的制约。人们的需要随着社会发展而不断变化，空间随着时间的变化也相应发生改变，这是一个相互影响、相互联系的动态过程。因此，室内空间的内涵、概念也不是一成不变的，而是在不断地补充、创新和完善。

对于一个具有地面、顶盖、东南西北四方界面的六面体的房间来说，室内外空间的区别容易被识别，但对于不具备六面体围蔽的空间，可以表现出多种形式的内外空间关系，有时确实难以在性质上加以区别。“室内空间”（interior space 或 indoor space）就是指带有顶面的空间，顶面使空间基本具备了遮风避雨的功能，能够满足人们最基本的生存需求，因此可以说具有顶界面是室内空间的最大特点。一个最简单的独柱伞壳，如站台、沿街的帐篷摊位，就具备避免日晒雨淋的效果；而徒具四壁的空间，只能称为“天井”或“院子”，它们不具备避免日晒雨淋的效果。由此可见，有无顶界面是区别内、外部空间的主要标志。具备地面（楼面）、顶面、墙面三要素的房间是典型的室内空间；不具备三要素的，除院子、天井外，有些可称为开敞、半开敞等不同层次的室内空间。

建筑物的室内空间，它通常指的是由墙面、地面和顶面所构成的封闭空间。这一空间至少拥有一个或多个出入口，并可能配备一个或多个如窗户般的开口，以满足通风和采光的需求。这些构成空间的元素在形态上多种多样，同时所采用的材料也十分丰富。室内空间有时亦被称作室内空间环境、室内环境、内部环境或内部空间环境等。

二、室内空间组合

室内空间组合首先应该根据物质功能和精神功能的要求进行创造性的构思。一个好的方案总是根据当时当地的环境，结合建筑功能要求进行整体筹划，分析矛盾主次，抓住问题关键，内外兼顾， 从单个空间的设计到群体空间的序列组织，由外到里，由里到外，反复推敲，使室内空间组织达到科学性、经济性、艺术性、理性与感性的完美结合，做出有特色、有个性的空间组合。组织空间离不开结构方案的选择和具体布置，结构布局的简洁性和合理性与空间组织的多样性和艺术性，应该很好地结合起来。经验证明，在考虑空间组织的同时应该考虑室内家具等的布置要求以及结构布置对空间产生的影响，否则会带来不可弥补的先天性缺陷。

随着社会的发展、人口的增长，可利用的空间是一种趋于相对减少的量，空间的价值观念将随着时间的推移而日趋提高，因此，如何充分地、合理地利用和组织空间，就成为一个更为突出的问题。合理地利用空间，不仅反映在对内部空间的巧妙组织，而且反映在空间围合的大小、形状的变化，整体和局部之间的有机联系，在功能和美学上达到协调和统一。

美国建筑师雅各布森的住宅，巧妙地利用不等坡斜屋面，恰如其分地组织了需要不同层高和大小的房间，使之各得其所。其中，起居室空间虽大，但因高度不同的变化而显得很有节制，空间也更生动。书房学习室适合于较小的空间而更具有亲切、宁静的气氛。整个空间布局从大、高、开敞至小、亲切、封闭，十分紧凑而活泼，并尽可能地直接和间接接纳自然光线，以便使冬季的黑暗减至最小。英国法兰巴恩聋哑学校采用八角形的标准教室，这种多边形平面形式有助于分散干扰回声和扩散声，从而为聋哑学校教室提供最静的声背景，空间组合封闭和开敞相结合，别具一格。每个教室内有 8 个马蹄形布置的课桌，与室内空间形式十分协调。该教室地面和顶棚还设有感应圈，以增强每个学生助听器的放大声。

在空间的功能设计中，还有一个值得重视的问题，就是对储藏空间的处理。储藏空间在每类建筑中是必不可少的，在居住建筑中尤其显得重要。如果不妥善处理，常会引起侵占其他空间的感觉或造成室内空间的杂乱。包括储藏空间在内的家具布置和室内空间的统一，是现代住宅设计的主要特点，一般常采用下列几种方式。

1. 嵌入式（或称壁龛式）

嵌入式的特点是储存空间与结构组成整体，充分保持室内空间面积的完整，常利用突出于室内的框架柱，嵌入墙内的空间，以及利用窗子上下部空间来布置橱柜（图 3-2）。

2. 壁式

壁式占有一面或多面的完整墙面，做成固定式或活动式组合柜，有时作为房间的整片分隔墙柜，使室内保持完整统一（图 3-3）。

3. 悬挂式

这种“占天不占地”的方式可以单独，也可以和其他家具组合成富有虚实、凹凸、线面纵横等生动的储藏空间，在居住建筑中应用十分广泛。这种方式应高度适当，构造牢固，可避免地震时落物伤人的危险（图 3-4）。

4. 收藏式

结合壁柜设计活动床桌，可以随时翻下使用，使空间用途灵活，在小面积住宅中，或有临时增加家具需要的用户中，运用非常广泛（图 3-5）。

5. 桌橱结合式

充分利用桌面剩余空间，桌子与橱柜相结合（图 3-6）。

此外还有其他多功能的家具设计，如沙发床及利用家具单元作各种用途的拼装组合家具。当在考虑空间功能和组织的时候，另一个值得注意的问题是，除上述所说的有形空间外，还存在着无形空间或称心理空间。 无形空间，顾名思义，是指那些没有实体形态、难以用肉眼直接观察到的空间。这种空间往往通过其他方式，如灯光、地面高差、色彩材质等，来限定和表达其存在。无形空间与有形空间（如由墙面、天花板等实体结构界定的空间）相对，它更加灵活多变，能够创造出更为丰富和多样的空间体验。

室内空间的大小、尺度、家具布置和座位排列，以及空间的分隔等，都应从物质需要和心理需要两方面结合起来考虑。设计师是物质和精神环境的创造者，不但应关心人的物质需要，更要了解人的心理需求，并通过良好的优美环境来影响和提高人的心理素质，把物质空间和心理空间统一起来。

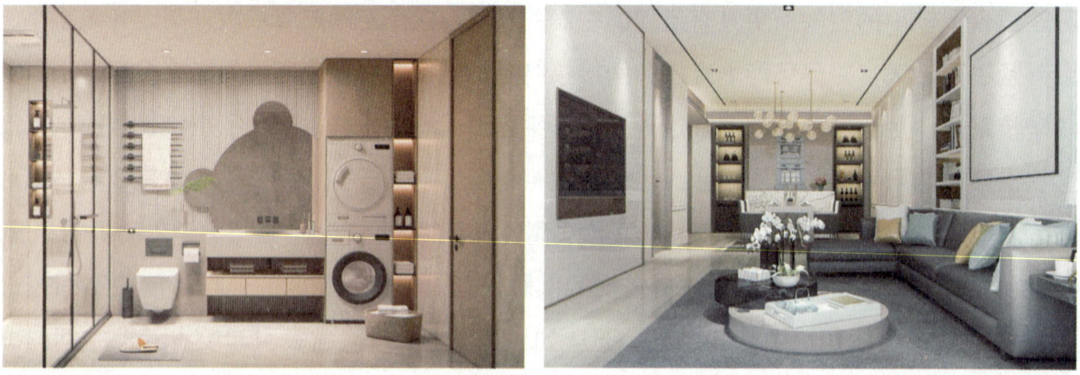

图 3-2　嵌入式

图 3-3　壁式

图 3-4　悬挂式

图 3-5　收藏式

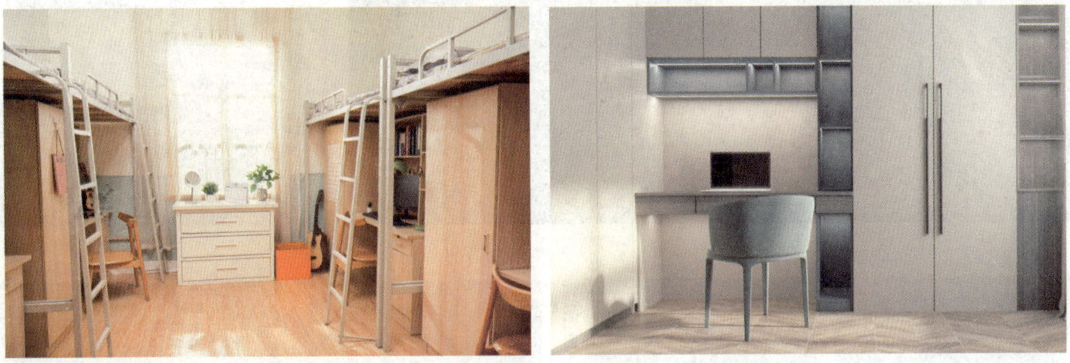

图 3-6　桌橱结合式

三、空间形式与构成

室内空间是通过一定形式的界面围合而表现出来的。建筑就其形式而言，是一种空间构成，但并非有了建筑内容就能自然生长、产生出形式来。功能绝不会自动产生形式。形式是靠人类的形象思维产生的，形象思维在人的头脑中有广阔的天地。因此，同样的内容也并非只有一种形式才能表达，研究空间形式与构成，就是为了更好地体现室内的物质功能与精神功能的要求。形式和功能是相辅相成、互为因果、辩证统一的。研究空间形式离不开对平面图形的分析和空间图形的构成。

建筑空间的形式与结构、材料有着不可分割的联系，空间的形状、尺度、比例以及室内装饰效果，很大程度上取决于结构构成形式及其所使用的材料质地，把建筑造型与结构构成造型统一起来的观点越来越被广大建筑师所接受。艺术和技术相结合产生的室内空间形象，正是反映了建筑空间艺术的本质，是其他艺术所无法代替的。结构和材料的暴露与隐藏、自然与加工是艺术处理的两种不同手段，有时宜藏不宜露，有时宜露不宜藏，有时需要自然之质朴，有时需求加工之精巧，技术和艺术既有统一的一面，也有矛盾的一面。

例如葡萄牙里斯本的东方火车站（图 3-7），在造型上设计师是希望在水泥陆桥上造出一小片树林，他的出发点并非是模仿自然，而是藉由大自然所引发的灵感创造出另外一种建筑的可能性。充分显示了工程师的高度智慧，是技术和艺术的结晶。又如沙特阿拉伯的吉达阿卜杜勒－阿齐兹国王国际机场朝觐客运大楼（图 3-8），利用桅杆支撑的双曲薄膜屋盖，能够在任何方向的风荷载下，保证纤维拉力的大跨度帐篷结构，将内部空间造成特有的柔和曲线，简洁明快，富有时代特点。我国传统的木构架，在创造室内空间的艺术效果时，也有辉煌的成就，并为中外所共知，如北京的雍和宫建筑（图 3-9），木构架空间设计非常讲究，充分利用了材料的力学特性，在结构形式上富有清晰的逻辑，展现了纯粹的自然力学美。

图 3-7　里斯本的东方火车站

图 3-8　沙特阿拉伯的吉达阿卜杜勒－阿齐兹国王国际机场朝觐客运大楼

图 3-9　北京雍和宫木结构建筑及细节

由上可知，建筑空间形态和装饰的创新和变化，要在结构构成造型的创新和变化中去寻找美的规律，建筑围合空间的形状、大小的变化，应和相应的结构系统取得协调一致。要充分利用结构造型美来作为空间形象构思的基础，把艺术融化于技术之中。这就要求设计师必须具备必要的结构知识，熟悉和掌握现有的结构体系，并对结构从总体至局部，具有敏锐的、科学的和艺术的综合分析。

四、空间的分隔与联系

室内空间的组合，从某种意义上讲，也就是根据不同使用目的，对空间在垂直和水平方向进行各种各样的分隔和联系，通过不同的分隔和联系方式，为人们提供良好的空间环境，满足不同的活动需要，并使其达到物质功能与精神功能的统一。上述不同空间类型或多或少与分隔和联系的方式分不开。空间的分隔和联系不单是一个技术问题，也是一个艺术问题，除了从功能使用要求来考虑空间的分隔和联系外，对分隔和联系的处理，如它的形式、组织、比例、方向、线条、构成以及整体布局等，都对整个空间设计效果有着重要的意义，反映出设计的特色和风格。良好的分隔总是以少胜多，虚实得宜，构成有序，自成体系。

空间的分隔，应该处理好不同的空间关系和分隔的层次。首先是室内外空间的分隔，如入口、天井、庭院，它们都与室外紧密联系，体现内外结合及室内空间与自然空间交融等。其次是内部空间之间的关系，主要表现在：封闭和开敞的关系，空间的静止和流动的关系，空间过渡的关系，空间序列的开合、扬抑的组织关系，空间的开放性与私密性的关系，以及空间性格的关系。最后是个别空间内部在进行装修、布置家具和陈设时，对空间的再次分隔。这三个分隔层次都应该在整个设计中获得高度统一。

建筑物的承重结构，如承重墙、柱、剪力墙以及楼梯、电梯井和其他竖向管线井等，都是对空间的固定不变的分隔因素，因此，在划分空间处理时应特别注意它们对空间的影响。非承重结构的分隔材料，如各种轻质隔断、落地罩、博古架、帷幔、家具、绿化等分隔空间，应注意它们构造的牢固性和装饰性。例如，意大利托思卡纳松林里的某住宅（图 3-10），在框架的轨道上作任意的活动分隔变化，住宅的广度是模糊和不限定的，自然直接伸进住宅，使建筑与自然交织在一起，并创造出不同的内部空间感受。

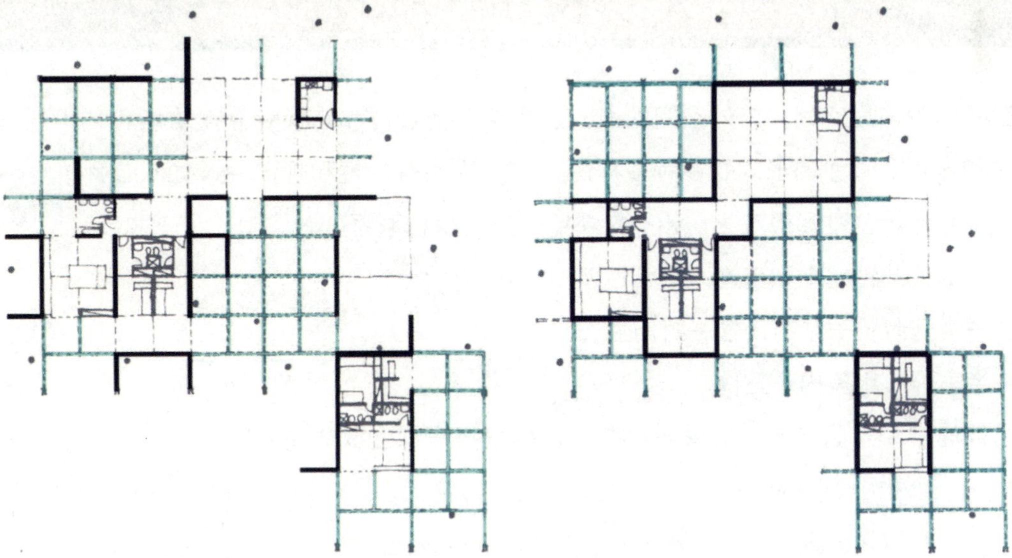

图 3-10　意大利托思卡纳松林里的某住宅的空间分隔

五、空间的过渡和引导

空间的过渡和过渡空间是根据人们日常生活的需要提出来的，比如，当人们进入自己家时，都希望在门口有块地方擦鞋换鞋，放置雨伞、挂雨衣，或者为了家的安全性和私密性，也需要进入居室前有块缓冲地带。又如，在影剧院中，为了不使观众从明亮的室外突然进入较暗的观众厅而引起视觉上的急剧变化的不适应感觉，常在门厅、休息厅和观众厅之间设立渐次减弱光线的过渡空间。这些都属于实用性的过渡空间。此外，还有如厂长、经理办公室前设置的秘书接待室，某些餐厅、宴会厅前的休息室，除了一定的实用性外，还体现了某种礼节、规格、档次和身份。凡此种种，都说明过渡空间性质包括实用性、私密性、安全性、礼节性、等级性等多种性质。除此之外，过渡空间还常作为一种艺术手段起空间的引导作用。例如某酒店大堂和楼梯间之间的踏步处理（图 3-11），对旅馆来说作为交通枢纽的楼梯，应该十分引人注意。这个踏步可视为楼梯间向门厅的延伸，使人一进大堂就能醒目地注意到，达到了视线的引导作用，也使大堂和楼梯间之间进行了极好的过渡。

图 3-11　某酒店大堂

过渡空间作为前后空间、内外空间的媒介、桥梁、衔接体和转换点，在功能和艺术创作上，有其独特的地位和作用。过渡的形式是多种多样的，有一定的目的性和规律性，如从公共性至私密性的过渡常与开放性至封闭性过渡相对应，和室内外空间的转换相联系：

公共性—半公共性—半私密性—私密性

开敞性—半开敞性—半封闭性—封闭性

室外—半室外—半室内—室内

过渡的目的常和空间艺术的形象处理有关，如欲扬先抑、欲散先聚、欲广先窄、欲高先低、欲明先暗等。要想达到像文学中所说的“山重水复疑无路，柳暗花明又一村”“曲径通幽处，禅房花木深”“庭院深深深几许”等诗情画意的境界，都离不开过渡空间的处理。

过渡空间也常起到功能分区的作用，如动区和静区、净区和污区等的过渡地带。

六、空间的类型

空间的类型可以根据不同空间构成所具有的性质特点来加以区分，以利于在设计组织空间时选择和运用。

1. 固定空间和可变空间

固定空间常是一种经过深思熟虑的、使用功能明确不变、位置固定的空间，因此可以用固定不变的界面围隔而成。如目前居住建筑设计中常将厨房、卫生间作为固定不变的空间，确定其位置，而其余空间可以按用户需要自由分隔。如图 3-12 所示的住宅平面布局，以厨房、卫生间作为固定空间，尽端为卧室，通过较长的走廊，加强了私密性。而餐厅、客厅作为可变空间，可根据具体需求灵活变动空间大小与位置。

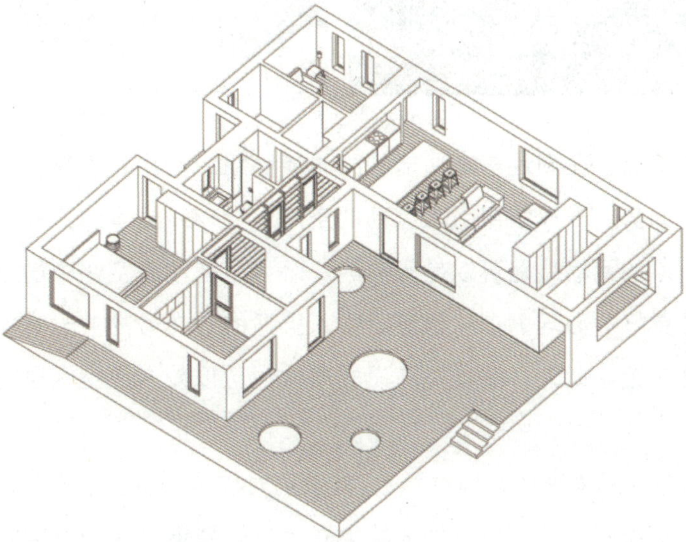

图 3-12　住宅平面布局

可变空间则与固定空间相反，为了能适应不同使用功能的需要而改变其空间形式，因此常采用灵活可变的分隔方式，如折叠门、可开可闭的隔断（图 3-13），以及影剧院中的升降舞台、活动墙面、天棚等。

图 3-13　可变空间示例（该素材为 AIGC 或 AI 数字内容）

2. 动态空间和静态空间

动态空间，或称为流动空间，往往具有空间的开敞性和视觉的导向性的特点。界面（特别是曲面）

组织具有连续性和节奏性，空间构成形式富有变化性和多样性，常使视线从这一点转向那一点。开敞空间连续贯通之处，正是引导视觉流通之时，空间的运动感既在于塑造空间形象的运动性上，如斜线、连续曲线等，也在于组织空间的节律性上（图 3-14）。例如锯齿形式有规律的重复，使视觉处于不停的流动状态。

图 3-14　动态空间示例

动态空间所具有的特点，在满足基本功能的同时能够组织利用，使物品、设备、自动化的设施、人的活动等形成一定的动势。一般组织引入流动的空间序列，所具有的方向指示性会比较明确。在空间的组织上灵活多变，人的活动线路可以是多向的。既可以在动态空间中增添斑斓多彩的光影、生动的背景音乐，使人产生更好的心理需求；也可以引入舒适的自然景物置于其中；还可以利用楼梯、壁画的装饰方式进行合理布置。此外，家具等陈设的摆放也可以使人在空间里时停、时动、时静，形成一个区域的动态流向。

静态空间相对于动态空间来说形式相对稳定，常采用对称式和垂直水平界面进行空间的设计、处理、布局。它往往形成的空间比较闭塞，形式构成的方式也比较单调。在静态空间中，人们的视觉会集中注意到一个方向或者一个位置上，静态空间倘若有意进行独特的某点设计，能够对人形成较强的吸引力的效果。空间的形式给人往往是清晰、明确的感觉（图 3-15）。

图 3-15　静态空间示例

静态空间的限定度较强，趋于封闭型。多体现为尽端的房间，空间安排的序列在此收尾，有一定的私密性。多为四面对称或左右对称的方式，还采用向心、离心的形式，较少有其他的组织形式，能够达到一种静态的平衡与和谐。空间及陈设的比例、尺度比较协调。在静态空间中，色彩的处理方式往往比较淡雅和谐，灯具的光线比较柔和，装饰常采用较简洁的形式。

3. 开敞空间和封闭空间

开敞空间和封闭空间也有程度上的区别，如介于两者之间的半开敞和半封闭空间。它取决于房间的适用性质和周围环境的关系，以及视觉上和心理上的需要。在空间感上，开敞空间是流动的、渗透的，可提供更多的室内外景观和扩大视野；封闭空间是静止的、凝滞的，有利于隔绝外来的各种干扰。在使用上，开敞空间灵活性较大，便于经常改变室内布置；而封闭空间提供了更多的墙面，容易布置家具，但空间变化受到限制，同时，和大小相仿的开敞空间比较显得要小。在心理效果上，开敞空间常表现为开朗的、活跃的；封闭空间常表现为严肃的、安静的或沉闷的，但富于安全感。在景观关系和空间性格上，开敞空间是收纳性的、开放性的；而封闭空间是拒绝性的。因此，开敞空间表现为更带公共性和社会性，而封闭空间更带私密性和个体性。图 3-16 为面向森林的开敞性居室，大片落地窗扩大了室外景观的视野。对于规模较大的重要公共建筑，空间的开敞性和封闭性还应结合整个空间序列布置来考虑。

图 3-16　开敞空间

4. 空间的肯定性和模糊性

界面清晰、范围明确、具有领域感的空间，称为肯定空间。一般私密性较强的封闭型空间常属于此类。

模糊空间又称为灰空间，它的界面显示往往是不清晰、模糊的。它具有多种功能的含义，空间充满着矛盾性和复杂性。在两种不同类型的空间之间，灰空间常常会出现，如室内与室外，开敞空间与封闭空间之间等。灰空间的不确定性、模糊性、灰色性能够体现出含蓄和耐人寻味的意境，在处理空间与空间的过渡、延伸时会常用。在灰空间的设计处理上，应结合具体的空间形式与人的意识和心理感受相联系，灵活运用，创造出人们所喜爱的舒适的空间环境（图 3-17）。

图 3-17　室内模糊空间

5. 虚拟空间和虚幻空间

虚拟空间是指在界定的空间内，通过界面的局部变化而再次限定的空间，如局部升高或降低地坪或天棚，或以不同材质、色彩的平面变化来限定空间等（图 3-18）。

图 3-18　通过地面材质来限定空间

虚幻空间是利用不同角度的镜面玻璃的折射及室内镜面反映的虚像，从而产生想象或一定意境的虚幻空间，人们的视线通过由镜面所形成的虚幻空间产生新的心理愉悦和情景升华。虚幻空间可给人带来空间扩大的视觉效果，有时通过几个镜面的折射，可把原来平面的物件造成立体空间的虚幻的感觉。在镜面旁边的物体，通过镜面的反射还可给人把不完整的物件造成完整物件的假象。在室内特别狭窄的空间，常利用镜面来扩大空间感，并利用镜面的幻觉装饰来丰富室内景观。虚幻空间通过特殊介质将有限的空间进行组织和结合，产生无限的、古怪的空间感受。介质的选择比较多样，反光的金属表面、镜面、立体绘画都能够给人带来奇光异彩和新奇的肌理效果，让人对空间产生无限遐想。除镜面外，有时室内还利用有一定景深的大幅画面，把人们的视线引向远方，造成空间深远的意象（图 3-19）。

图 3-19　大幅景深画面产生的虚幻空间

七、常见的基本空间形态

随着社会生产力的不断发展，文化技术水平的提高，人们对空间环境的要求也越来越高，而空间形态乃是空间环境的基础，它决定空间总的效果，对空间环境的气氛、格调起着关键性的作用。室内空间的各种各样的不同处理手法和不同的目的要求，最终将凝结在各种形式的空间形态之中。人类经过长期的实践，对室内空间形式的创造积累了丰富的经验，但由于建筑室内空间的无限丰富性和多样性，特别对于在不同方向、不同位置空间上的相互渗透和融合，有时确实很难找出恰当的临界范围而明确地划分这一部分空间和那一部分空间，这就为室内空间形态分析带来一定的困难。然而，当人们抓住了空间形态的典型特征及其处理方法的规律，也就可以从浩如烟海、眼花缭乱、千姿百态的空间中理出一些头绪来。以下为常见的几种基本的空间形态。

1. 下沉式空间（也称地坑）

室内地面局部下沉，在统一的室内的空间中就产生了一个界限明确、富有变化的独立空间。由于下沉地面标高比周围的要低，因此有一种隐蔽感、保护感和宁静感，使其成为具有一定私密性的小天地。人们在其中休息、交谈也倍觉亲切，在其中工作、学习会较少受到干扰。同时随着视点的降低，空间感觉增大，对室内外景观也会引起不同的变化，并能适用于多种性质的房间。下沉式空间根据具体条件和不同要求，可以有不同的下降高度，少则一二阶，多则四五阶不等。对高差交界的处理方式也有许多方法，或布置矮墙绿化，或布置沙发座位，或布置平柜、书架以及其他储藏用具和装饰物，可由设计师任意创作。高差较大者应设围栏，但一般来说高差不宜过大，尤其不宜超过一层高度，否则就会如楼上、楼下和进入底层地下室的感觉，失去了下沉空间的意义（图 3-20）。

图 3-20　下沉式休息区

2. 地台式空间

与下沉式空间相反，如将室内地面局部升高也能在室内产生一个边界十分明确的空间，但其功能、作用几乎和下沉式空间相反。由于地面升高形成一个台座，和周围空间相比变得十分醒目突出，因此它们的用途适宜于惹人注目的展示和陈列或眺望。许多商店常利用地台式空间将最新产品布置在那里，使人们一进店堂就可一目了然，很好地发挥了商品的宣传作用。现代住宅的卧室或起居室虽然面积不大，但可利用地面局部升高的地台布置床位或座位，有时还利用升高的踏步直接当作座席使用，使室内家具和地面结合起来，产生更为简洁而富有变化的新颖的室内空间形态。此外，还可利用地台进行通风换气，改善室内气候环境。起居室地坪升高，一般为 40 ~ 50 cm，最冷的空气在所占地板下面循环。公共建筑，如茶室、咖啡厅常利用升起阶梯形地台方式，以使顾客更好地看清室外景观（图 3-21）。

图 3-21　地台式空间

3. 凹入与外凸空间

凹入空间（图 3-22）是在室内某一墙面或局部角落凹入形成的空间，是在室内局部缩进的一种室内空间形式，特别是在住宅建筑中运用比较常见。因为凹入空间通常只有一面开敞，因此受到的干扰影响较少，会形成一种比较清静的氛围。将天棚降低的处理方式，会给人带来雅静、安全、亲密的感受。凹入是空间中私密性较高的一种空间形式。根据凹进的深浅和面积的大小不同，可以做不同用途的布置，比如在住宅中利用凹入空间布置床位，可创造出一个安静私密的理想的休息空间。在饭店等公共空间中，利用凹入空间可避免人流穿越的繁杂与干扰，营造一个良好的休息空间。在餐厅、咖啡室等室内空间可利用凹室布置雅座，为客人提供一个更私密、优雅、舒适的就餐环境。在室内长廊式的建筑，如办公楼、宿舍等可适当间隔布置凹室，作为休息等候区域场所，可以避免空间设计单一的感觉。

凹凸是一个相对的概念，如外凸空间对内部空间而言是凹入空间，对外部空间而言是外凸空间。大部分的外凸空间希望将建筑更好地伸向自然、水面。外凸部分三面环顾，能够让风光尽收眼底，使室内外空间和谐地融为一体。有时也通过锯齿状的外凸空间来改变建筑的朝向方位等。外凸式空间在欧洲古典建筑中运用得较为常见，如建筑中的挑阳台（图 3-23）、阳光室等都属于这一类。

图 3-22　凹室

图 3-23　西洋建筑中的外凸空间

4. 回廊和挑台

回廊和挑台也是室内空间中独具一格的空间形态。回廊常应用于门厅和休息厅，以增强其入口宏伟、壮观的第一印象和丰富垂直方向的空间层次。结合回廊，有时还常利用扩大楼梯休息平台和不同标高的挑平台，布置一定数量的桌椅作休息交谈的独立空间，并造成高低错落、生动别致的室内空间环境。由于挑台居高临下，提供了丰富的俯视视角环境，所以现代旅馆建筑中的中庭，许多是多层回廊挑台的集合体，运用多种处理手法表现出不同效果，借以吸引广大游客（图 3-24 和图 3-25）。

图 3-24　红砖美术馆回廊

图 3-25　某剧院观众席的挑台

5. 交错穿插空间

交错穿插空间（图 3-26）是利用两个相互穿插、叠合的空间形成的空间，又称为交错空间或穿插空间，在城市中林立的高架桥就是一种立体的交错空间。现代室内家居空间设计早已不满足于封闭和精致的空间形态，在设计创作的时候常将室外空间的城市立交模式转移到室内，能够在分散和组织人流上发挥重要作用。在交错穿插空间中，人们上下活动相互交错穿流，俯仰相望，静中有动，有中国园林的“坐看垂钓者，徒有羡鱼情”之意境，不但丰富了室内景观，而且给室内空间增添了活力和生动的气氛。交错穿插空间形成的水平、垂直方向空间流动，一定程度上起到了扩大空间的作用。空间活跃、富有动感，很好的立体交通动线，也便于组织和疏散人流。在创作时，水平方向常采用垂直护墙的交错配置，形成空间在水平方向上的穿插交错，左右逢源，“你中有我，我中有你”所形成的空间相互界限模糊，增强了空间的动感，丰富了空间的画面，在发挥功能的同时也使各空间相互的联系密切，以更好地满足人们的需要。

图 3-26　公共空间的穿插、交错空间

6. 母子空间

母子空间（图 3-27）是对空间的二次限定，是在原空间中用实体性或象征性的手法限定出小空间，用分隔与开敞相结合的方式，常见于许多空间的组织与安排。人们在一个大的空间一起工作、交流或进行其他交流或活动的时候，往往会相互影响打扰，使工作缺乏效率，同时也缺乏一定的私密性，所以在空间的处理上选择母子空间是为了避免上述缺点。

母子空间必然有一个空间为母空间，一个或者多个空间为子空间。母空间在空间体量以及功能上均占主导位置，子空间相对于母空间有所差别。

在处理方式和形式特点上，母子空间通过将大空间划分成不同的小型区域，增强了人们的亲切感和私密感，能够更好地满足了人们的心理需要。在强调共性中有个性的空间处理，能够达到心与物、人与空间的统一，一定程度上说明公共建筑设计又前进了一大步。母子空间具有一定的领域感和私密性，相对于母空间，多个子空间可以彼此独立，也可以相互联通，满足不同需求的群体或个体的使用要求和心理需要。

图 3-27　母子空间

7. 共享空间（图 3-28）

波特曼首创的共享空间，在各国享有盛誉，它以其罕见的规模和内容、丰富多彩的环境、独出心裁的手法，将多层内院打扮得光怪陆离、五彩缤纷。从空间处理上讲，共享空间可以说是一个具有运用多种空间处理手法的综合体系。现在也有许多像四季厅、中庭等一类的共享空间，在各类建筑中竞相效仿，相继诞生。但某些共享空间却缺乏应有的活力，很大程度上是由于空间处理上不够生动，没有恰当地融汇各种空间形态。变则动，不变则静，单一的空间类型往往是静止的感觉，多样变化的空间形态就会形成动感。波特曼式共享空间的特点之一就在于此。

图 3-28　办公室的休息共享空间

任务二　室内界面的处理

室内界面，即围合成室内空间的底面（楼、地面），侧面（墙面、隔断）和顶面（平顶、顶棚）。人们使用和感受室内空间，但通常直接看到甚至触摸到的则为界面实体。

室内界面的设计，既有功能技术要求，也有造型和美观要求。作为材料实体的界面，有界面的线形和色彩设计，界面的材质选用和构造问题。此外，现代室内环境的界面设计还需要与房屋室内的设施、设备予以周密的协调，例如界面与风管尺寸和出风口、回风口的位置，界面与嵌入灯具或灯槽的设置，以及界面与消防喷淋、报警、通信、音响、监控等设施的接口也急需重视。

一、界面的要求和功能特点

底面、侧面、顶面等各类界面，室内设计时，既对它们有共同的要求，各类界面在使用功能方面又各有它们的特点。

1. 各类界面的共同要求

（1）耐久性及使用期限。

（2）耐燃及防火性能（现代室内装饰应尽量采用不涉及难燃性材料，避免采用燃烧时释放大量浓烟及有毒气体的材料）。

（3）无毒（指散发气体及触摸时的有害物质低于核定剂量）。

（4）无害的核定放射剂量（如某些地区所产的天然石材，具有一定的氡放射剂量）。

（5）易于制作安装和施工，便于更新。

（6）必要的隔热保暖、隔声、吸声性能。

（7）装饰及美观要求。

（8）相应的经济要求。

2. 各类界面的功能特点

（1）底面（楼、地面）——耐磨、防滑、易清洁、防静电等。

（2）侧面（墙面、隔断）——挡视线，较高的隔声、吸声、保暖、隔热要求。

（3）顶面（平顶、顶棚）——质轻，光反射率高，较高的隔声、吸声、保暖、隔热要求。

二、室内界面处理及其感受

人们对室内环境气氛的感受，通常是综合的、整体的，既有空间形状，也有作为实体的界面。视觉感受界面的主要因素有室内采光、照明、材料的质地及色彩、界面本身的形状、线脚及面上的图案肌理等。

1. 材料的质地

室内装饰材料的质地，根据其特性大致可以分为天然材料与人工材料、硬质材料与柔软材料、精致材料与粗犷材料。如磨光的花岗石饰面板，即属于天然硬质精致材料，而斩假石则属于人工硬质粗犷材料等。

天然材料中的木、竹、藤、麻、棉等材料常给人们以亲切感，室内采用显示纹理的木材、藤竹家具、草编铺地以及粗略加工的墙体面材，粗犷自然，富有野趣，使人有回归自然的感受。

不同质地和表面加工的界面材料（图 3-29），给人们的感受示例如下：

拉丝不锈钢——精密、高科技；

陶瓷贴面砖——平易、整体感；

硅藻泥墙面——传统、乡土情。

平整光滑的大理石——整洁、精密；

纹理清晰的木材——自然、亲切；

天然肌理的岩石——有力、粗犷。

由于色彩、线形、质地之间具有一定的内在联系和综合感受，又受光照等整体环境的影响，因此上述感受也具有相对性。

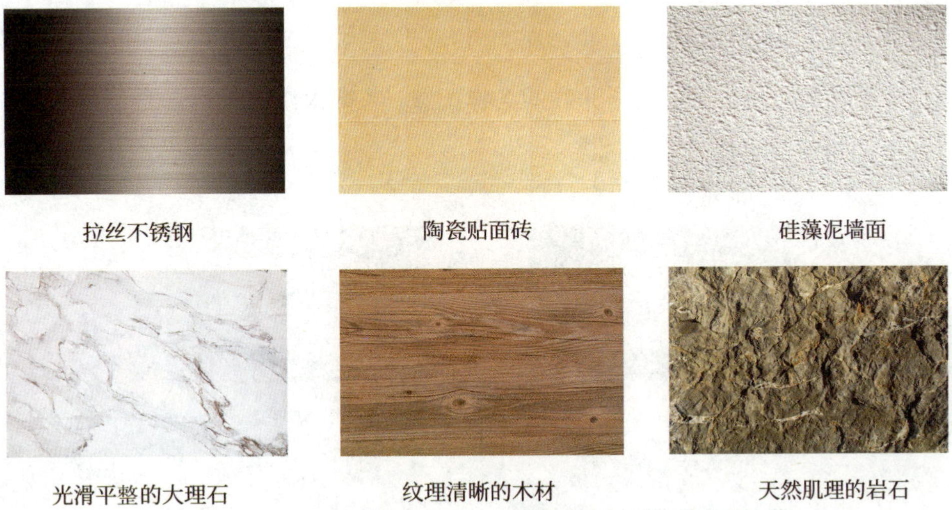

图 3-29　不同质地和表面加工特点的界面材料

2. 界面的线形

界面的线形是指界面上的图案、界面边缘、交接处的线脚以及界面本身的形状。

界面上的图案与线脚（图 3-30）：界面上的图案必须从属于室内环境整体的气氛要求，起到烘托、加强室内精神功能的作用。根据不同的场合，图案可能是具象的或抽象的、有彩的或无彩的、有主题的或无主题的；图案的表现手段有绘制的、与界面同质材料的，或以不同材料制作的。界面的图案还需要考虑与室内织物（如窗帘、地毯、床罩等）的协调。

界面的边缘、交接、不同材料的连接，它们的造型和构造处理，即所谓的“收头”，是室内设计中的难点之一。界面的边缘转角通常以不同断面造型的线脚处理，如墙面木台底下的踢脚和上部的压条等的线脚，光洁材料和新型材料大多不作传统材料的线脚处理，但也有界面之间的过渡和材料的“收口”问题。

界面上的图案与线脚，其花饰和纹样也是室内设计艺术风格定位的重要表达语言。

界面的形状：界面的形状较多情况是以结构构件、承重墙柱等为依托，以结构体系构成轮廓，形成平面、拱形、折面等不同形状的界面；也可以根据室内使用功能对空间形状的需要，脱开结构层另行考虑，例如剧场、音乐厅（图 3-31）的顶界面，近台部分往往需要根据几何声学的反射要求，做成反射的曲面或折面。除了结构体系和功能要求以外，界面的形状也可按所需的环境气氛设计。

图 3-30　界面上的图案与线脚

图 3-31　音乐厅

3. 界面的不同处理与视觉感受

室内界面由于线形的不同划分、色彩深浅的各样配置、花饰大小的尺度各异以及采用材质的不同，给人们视觉上以不同的感受（图 3-32）。

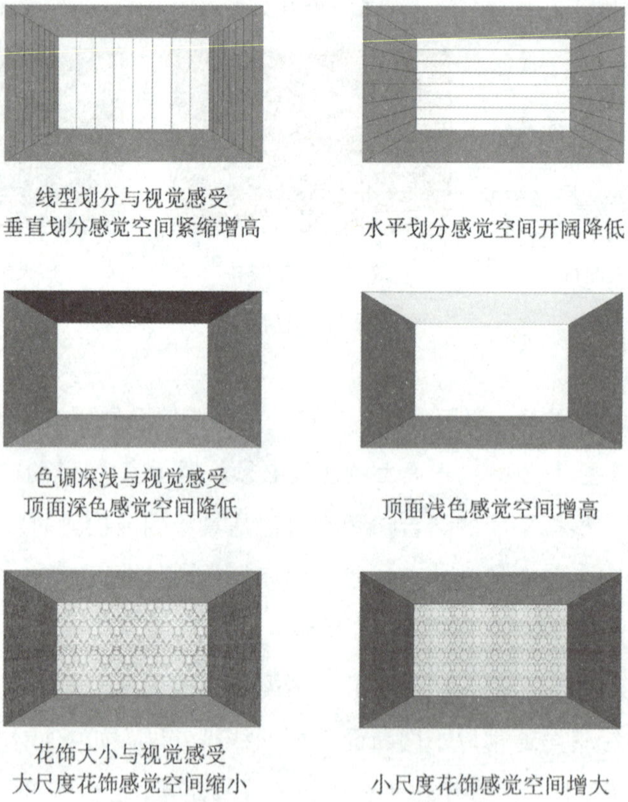

图 3-32　室内界面处理的视觉感受

应该指出的是，界面不同处理手法的运用，都应该与室内设计的内容和相应需要营造的室内环境氛围、造型风格相协调。如果不考虑场合和建筑物的使用性质，随意选用各种界面处理手法，可能会造成“画蛇添足”的后果。

本章小结

____

____

____

____

思考练习题

1.[单选] 重庆某火锅店的墙面使用了体现老重庆码头文化的江景图，是一幅典型的带有景深的大幅画面，是运用了（　　）的典型案例。

A. 虚幻空间　　　　B. 开敞空间

C. 虚拟空间　　　　D. 流动空间

2.[多选] 以下属于过渡空间的是（　　）。

A. 玄关　　　　B. 秘书接待室

C. 客厅　　　　D. 餐厅、宴会厅前的休息室

3.[填空] 室内空间中的储藏空间的处理方式一般有________________、________________、悬挂式、收藏式、桌橱结合式等。

4.[论述] 请说说室内常见的基本空间形态有哪些，并举例其中一种空间形态在室内空间中的实际运用。

模块四
CHAPTER 4

室内的采光与照明

思政目标

通过学习室内空间的采光与照明，掌握室内设计相关知识点，遵循以人为本、舒适健康的设计宗旨。

知识目标

任务一　常用光源的种类
任务二　光的基本度量单位
任务三　室内常用的人工光源
任务四　室内常用的照明灯具类型
任务五　室内照明环境设计
任务六　影响室内光环境质量的因素
任务七　照明与空间设计的完美组合

能力目标

1. 能掌握光的基本度量单位
2. 能举例室内常用的人工光源种类
3. 能掌握室内照明方式

素质目标

1. 培养学生从服务于人的需求分析出发的设计思维
2. 培养学生对室内设计的创新意识
3. 培养学生善观察、懂协作、重创意的专业素质

光在物理学中是电磁波的一部分，是一种能的特殊形式。一般而言，我们将波长为 380~780 nm 的电磁波称为可见光（图 4-1）。而不可见光，如长于 780 nm 的红外线和短于 380 nm 的紫外线，则不能被肉眼直接感受。人们在认识世界时，80% 的信息量来源于视觉，没有光就无法感知外界物体的形状、大小、明暗、色彩、空间和环境。

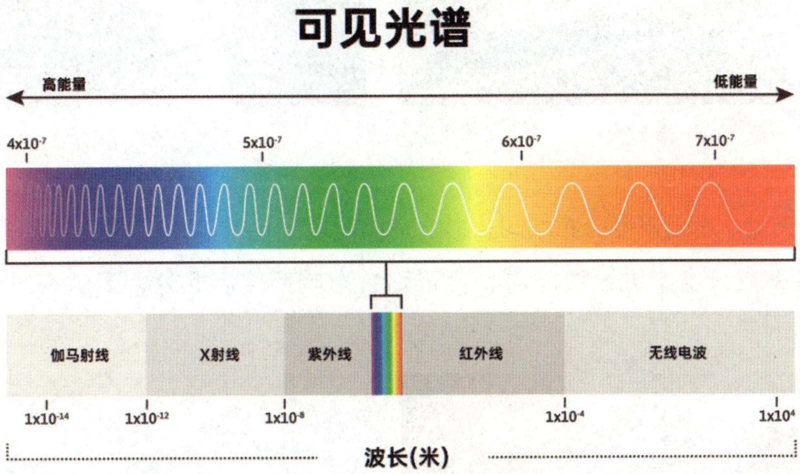

图 4-1　可见光分布图

任务一　常用光源的种类

自然光是人类认识世界、改造世界的必备条件，但自然光在时间上存在一定的缺陷，因此我们需要调整和改造照明来补充自然光。当 1879 年爱迪生点亮第一盏电灯时，人类对光的应用出现了分化，即自然采光和人工光源的应用。

一、自然采光

自然光由直射地面的阳光和天空光组成。自然采光，具有节约能源，贴近自然，使人在视觉上、心理上感觉更为舒适和习惯的优点。从设计的角度来看，采光部位和采光口的面积大小和布置形式将影响室内采光效果。采光部位一般分为侧光、高侧光和顶光三种形式。

1. 侧光

选择良好的朝向在建筑外墙上开窗进行采光，易于与室外联系。但光线分布不均，靠近窗口处光线亮，易产生眩光；当房间的进深增加时，采光效率很快降低。因此，常通过增加窗的高度或者采用双向采光或转角采光来弥补这一缺点（图 4-2）。

2. 高侧光

通过墙面高侧处采光的形式，照度均匀，留出较多的墙面可以布置家具、陈设，常用于展览、商场，但使用不便（图 4-3）。

图 4-2　侧光采光

图 4-3　高侧光采光

3. 顶光

在建筑顶部开天窗。顶光照度分布均匀，影响室内照度的因素较少，适用于进深较大的室内空间。在采用顶光时，避免在天窗下方设置障碍物，否则会影响照度。此外，天窗在管理、维修方面较为困难（图 4-4）。

图 4-4　顶光采光

室内采光还受到室外周围环境和室内界面装饰处理的影响，如室外临近的建筑物，既可阻挡日光的射入，又可从墙面反射一部分日光进入室内。此外，窗户对于室内空间说来，可视为一个面光源，它通过室内界面的反射，增加了室内的照度。由此可见，进入室内的日光因素由下列三部分组成：

（1）直接天光。

（2）外部反射光：室外地面及相邻界面的反射。

（3）室内反射光：天棚、墙面、地面的反射。

二、人工光源

在照明设计中，根据发光的原理不同，人工光源可以大致分成三种方式：热辐射发光、气体放电发光、电致发光，图 4-5 为人工光源的组成示意图。

1. 热辐射发光

热辐射发光是指利用电流将物体加热至白炽状态而发光，主要有白炽灯、卤钨灯。

2. 气体放电发光

这类光源主要利用气体放电发光。根据光源中气体的压力，又可分为低压放电光源和高压放电光源。

前者主要有荧光灯和低压钠灯，后者主要有金属卤化物灯和高压钠灯。

3. 电致发光

电致发光是将电能直接转换为光能的发光现象，主要是指 LED 光源和激光。

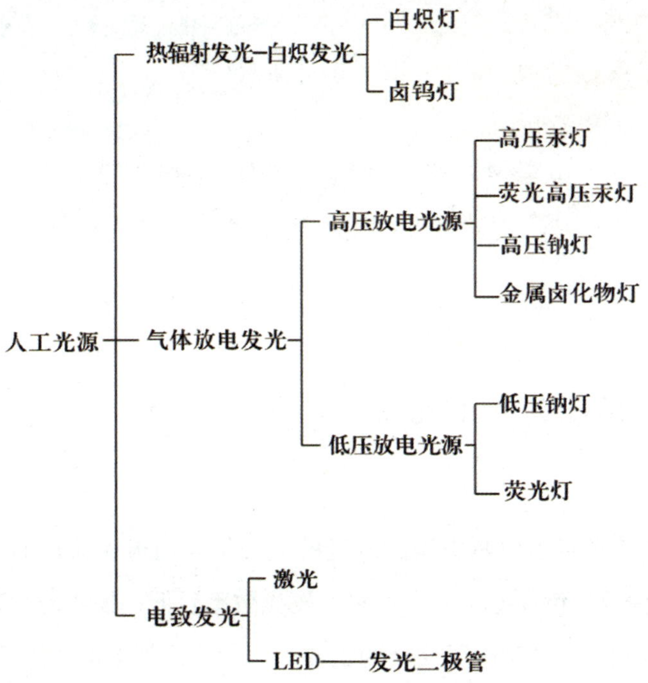

图 4-5　人工光源的组成

任务二　光的基本度量单位

一、光通量

光通量是光源在单位时间内发出的光的总量，用符号 Φ 表示，单位为流明（lm）。

二、照度

单位面积上所接收的光通量称为该被照面的照度，是描述被照面上被照射程度的光学量，用符号 E 表示，单位为勒克斯（lx）。照度过高容易引起疲劳，过低影响视力。

三、亮度

亮度即单位投影面积上的发光强度，单位为坎德拉 / 平方米（cd/m^2）。被照物体的明亮程度，除了与发光强度有关外，还与所处环境的亮度有关，例如同一亮度的表面，放在黑暗环境中比放在明亮的环境中显得亮。

四、光色

光色是指光源的颜色，用色温（图 4-6）来表示。生活中一般接触到的光色为 2700 ~ 6500 K，其中低色温呈现暖色，高色温呈现冷色。长期工作或停留的房间或场所，色温不宜高于 4000 K。光源颜色的选择要符合室内空间的功能需求。例如，在办公空间、教室、医疗空间中适宜用冷色光源，以创造宁静的气氛；商业空间适宜采用暖色光源，以创造热情的气氛。

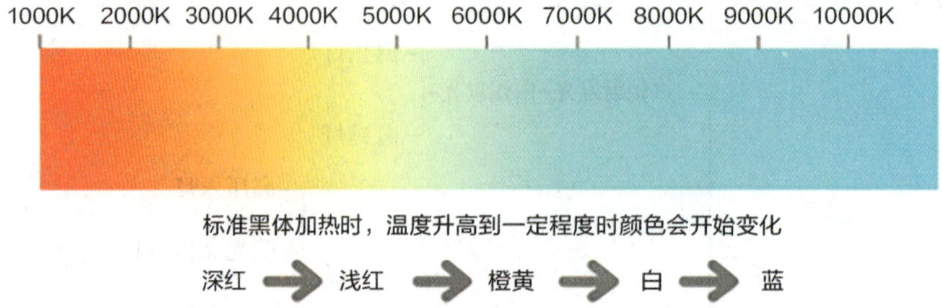

图 4-6　色温对照表

任务三　室内常用的人工光源

一、白炽灯

白炽灯（图 4-7）是最普通的灯具类型。发光的方法是利用电流通过的钨丝被加热到白炽状态而发光。光色偏橙，显色性好，色温低，但发热大，发光效率较低，使用寿命较短。但因其造价低廉，装卸方便，曾经是居住空间、公共空间照明用的主要光源，现已基本淘汰。

二、卤钨灯

卤钨灯（图 4-8）属于热辐射光源，在灯泡或灯管内填充的气体含有部分卤化物，利用卤钨循环的原理，将灯丝蒸发的钨重新附着在灯丝上，以提高光效和延长使用寿命。卤钨灯与白炽灯相比，具有光效高、体积小、便于控制、寿命长、输出光通量稳定等特点，广泛应用于大面积照明和定向照明的场所，如展厅、广场、商店橱窗照明和影视照明等。

图 4-7　白炽灯

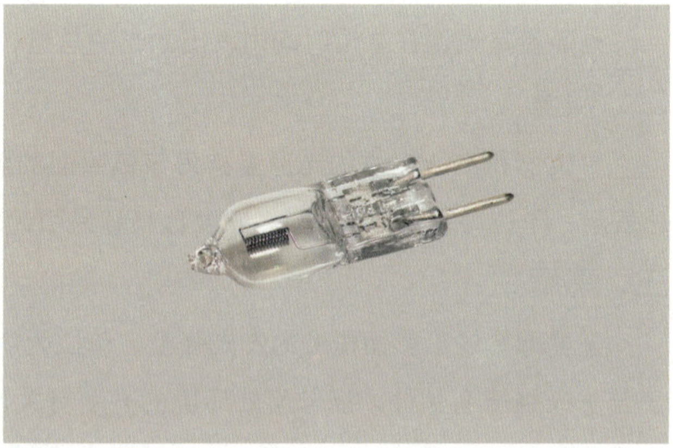

图 4-8　卤钨灯

三、荧光灯

荧光灯（图 4-9）是一种低压放电光源，管内有少量的汞蒸气，管壁涂有荧光物质，灯管两端各有电极。与白炽灯相比，荧光灯具有光效高、寿命长、光色和显色性好等优点，广泛用于图书馆、教室、商店照明及其他对显色性要求较高的照明场所。常用的 T8 型荧光灯的瓦数主要有 18 W、30 W、36 W 几种。荧光灯长度与瓦数成正比，即瓦数越大的荧光管，长度越长。一般 T8 型荧光管的平均寿命为 6000 h 左右。

四、紧凑型荧光灯

紧凑型荧光灯（图 4-10）又称节能灯，它是自带镇流器的（紧凑型）荧光灯。自问世以来，就以其光效高、显色性好、无频闪、无噪声、节约电能、小巧轻便等优点受到青睐。

图 4-9　荧光灯

图 4-10　紧凑型荧光灯

五、钠灯

钠灯（图 4-11）是利用钠蒸气放电发光的气体放电灯，分为高压钠灯和低压钠灯两大类。钠灯的光色呈橙黄色，具有光线柔和、光效高、耗电小等优点，适用于工业照明、仓库照明、街道照明、泛光照明、安全照明等场所。

六、发光二极管

发光二极管（图 4-12）简称 LED，是一种将电能转化为光的半导体电子元件。它具有体积小、功率低、高亮低热、环保、使用寿命长等特点。随着技术的不断进步，发光二极管已被广泛地应用于装饰、商业空间照明以及建筑装饰照明等。

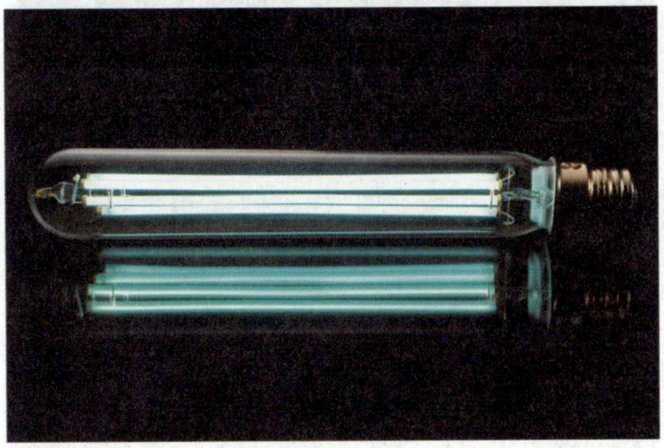

图 4-11　钠灯

图 4-12　LED 灯带

任务四 室内常用的照明灯具类型

室内照明灯具按其安装方式的不同，一般分为固定式和可移动灯具两大类。

一、固定式灯具

固定式灯具包括明装灯具和嵌入式灯具。明装灯具是将灯具裸露于承载面，如明装筒灯、明装射灯、轨道射灯、吸顶灯、吊灯、壁灯类型的灯具。嵌入式灯具是将灯具主要部分隐蔽于承载面之内，如嵌入式筒灯、嵌入式射灯、格栅灯、建筑化照明等。

1. 吊灯

吊灯（图 4-13）是悬挂于室内某一高度的灯具，常用于一般照明，也可用在一些大型公共空间中需要艺术处理的地方。吊灯主要适用于起居室、餐厅、大堂等室内空间。由于它处于室内空间的中心位置，其形态、质地、色彩能影响空间的气氛，具有很强的装饰性，因此，在采用时应该与室内空间的风格、尺度、环境相适应。

2. 吸顶灯

直接固定在顶棚上的灯具称为吸顶灯（图 4-14）。光源一般采用白炽灯或荧光灯，可设置遮光罩，形状以方形、长方形、圆形居多。吸顶灯的使用功能及特性基本与吊灯相同，主要用于一般照明。在使用空间上，多用于较低的空间中。使用时，要注意吸顶灯的大小和数量要与室内空间相协调。

图 4-13 吊灯

图 4-14 吸顶灯

3. 射灯

射灯（图 4-15）也称投光灯或探照灯，通常将灯具安装在顶棚或墙面上，用于局部照明。本身有活动接头， 可以随意调节灯具的方位和改变投光角度。射灯的主要特点是通过光源的集中照射来强调需要重点突出的物体或区域。其主要用于商业空间、展览空间和居住空间中的商品、展品和工艺品等。

4. 镶嵌灯

镶嵌灯是将光源嵌入顶棚中的灯具形式。根据灯具的造型特点，可使光源进行定向投射或漫射。常见灯具为筒灯（图 4-16）、格栅灯。最大特点是使顶棚表面平整、简洁大方。在举架较低的空间中使用，可以减少空间的压抑感。

5. 壁灯

壁灯（图 4-17）又称墙灯，是安装在墙壁或柱子上的灯具。壁灯造型多样，富于变化，制作精致灵巧，光线柔和，属于装饰性灯具，需要和其他灯具组合使用。

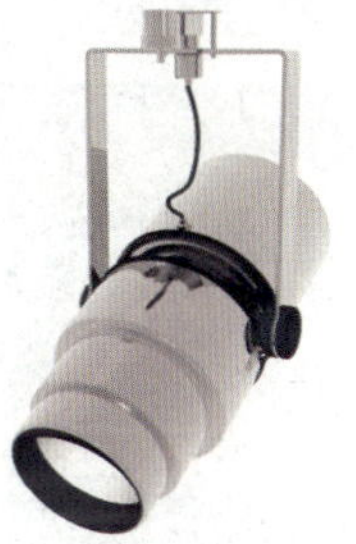

图 4-15　射灯

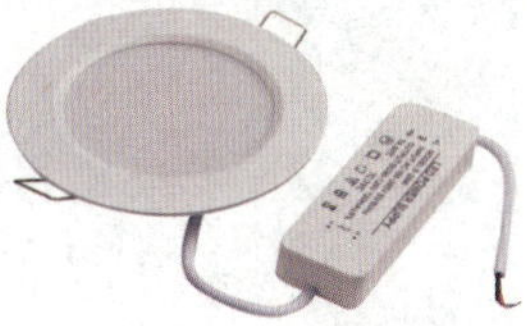

图 4-16　筒灯

图 4-17　壁灯

6. 发光顶棚

吊顶内装以白炽灯或荧光灯为主的光源，吊顶外饰半透明漫射材料或格片，此种吊顶称为发光顶棚（图 4-18）。这种照明装置的主要特点是发光表面亮度低而面积大，空间照度分布均匀，光线柔和，无强烈阴影，无眩光。

7. 发光灯槽

发光灯槽（图 4-19）是利用在墙和顶棚交接处设置的反光设置，它槽板对光源进行遮挡，使光投向上方或侧方，并通过反射光使室内得到柔和、均匀的光环境，营造出平静的气氛。同时，通过发光灯槽的处理，会使顶部更具有层次感，使整个空间有增高的错觉。一般情况下，槽板距离顶棚 150~300 mm。灯槽内的光源与槽边保持在 200~300 mm 之间的距离，以避免光源暴露在人的视觉范围之内。

图 4-18　发光顶棚

图 4-19　发光灯槽

二、可移动灯具

可移动灯具主要是指台灯和落地灯，普遍用于局部照明。移动灯具灵活性强，可以适应各类空间环境的布灯需要。

1. 落地灯

落地灯（图 4-20）是家居客厅、起居室、宾馆客房、接待室等空间的局部照明灯具，是室内陈设之一，具有装饰空间的作用。

2. 台灯

台灯（图 4-21）是摆放在台桌、茶几、矮柜的局部照明的灯具，也是现代家庭中富有情趣的主要陈设之一。在现代宾馆中，台灯已经成为具有特色的装饰照明手段。

图 4-20　落地灯

图 4-21　台灯

任务五　室内照明环境设计

生活中，人的工作、学习、休闲、休息等行为都是在室内空间完成的，而室内灯光能否满足空间使用要求，能否营造舒适环境，都直接影响着室内空间的环境质量。进行室内照明设计时，应根据室内空间的使用功能，选择不同的布光方式。

一、室内照明的目的

室内照明的首要目的是在充分利用自然光的基础上，运用现代人工照明的手段，为空间提供适宜的照度，以便于人们正确识别所处环境的状况。其次是通过对建筑环境的分析，结合室内装饰设计的要求，选择光源和灯具，利用灯光创造满足人生理与心理需求的室内空间环境。因此，为了营造良好的光环境，我们将室内空间中照明的布局方式分为一般照明（包括分区一般照明）、重点照明、局部照明和混合照明。

1. 一般照明

一般照明（图 4-22）是指为使室内获得均匀的照度而忽略局部的特殊要求的照明方式。重点在将灯具有序地排列在室内上空，使被照面形成均匀的照度，并满足视觉要求。基础照明可使室内形成一种格调，适用于对光投射方向没有特殊要求的空间，如仓库、车间、办公室、教室、营业大厅等室内空间。

2. 重点照明

重点照明（图 4-23）指的是对重点区域或者重要目标进行集中式的照明，照明的主要部分突出的重点效果明显，在展示设计和商业空间的设计中经常使用。

图 4-22　一般照明

图 4-23　重点照明

3. 局部照明

局部照明（图 4-24）是为满足某些部位的特殊需要而设置的照明，是指对主要场所和对象进行的重点投光，目的在于强调特殊部位的重要性，吸引人们的注意力，多用于购物、展示空间照明。

4. 混合照明

混合照明（图 4-25）是由一般照明和局部照明共同组合的照明，它是在一般照明的基础上再加强局部照明，目的是对室内进行装饰，增加空间层次感，营造环境气氛。混合照明适用于对作业面照度要求高， 而作业面并不密集的室内场所，有利于提高照度和节约能源，常用于商场、展览馆、医院、体育馆、车间等。

图 4-24　局部照明

图 4-25　混合照明

二、室内照明设计的原则

1. 功能性原则

照明设计应满足室内光环境的使用要求，针对不同的功能空间，选择合适的光源、灯具及布置方式，达到该空间的照度要求，提高空间的光环境质量。

2. 安全性原则

在设计中要严格按规范设计；应充分考虑环境条件（如温度、湿度等）对电器的损坏；对先进技术和先进设备要在充分论证的基础上积极采用。

3. 艺术性原则

照明设施具有装饰空间、烘托气氛的功能。照明设计要尽可能地配合室内设计，满足室内装饰照明的要求，从而体现灯光与空间的艺术效果。

4. 经济性原则

进行照明设计时，要注意光源和照明系统应该符合建筑节能的有关规定和要求，要充分考虑高效节能。

三、灯具的散光方式

1. 间接照明

光源 90% 以上的光照向顶棚或其他表面，从这些表面再反射到被照物体。其特点是光线柔和，无眩光和明显阴影，光效低，主要用于烘托室内气氛。

2. 半间接照明

光源 60% 以上的光照向顶棚或其他表面，而将少量的光直接照向被照物体。从顶棚反射出来的光，用于空间整体照明；直接投射到被照物体上的光，用于局部照明。

3. 漫射照明

利用半透明的遮光罩，使光线向多个方向漫射，对所有方向的照度几乎都一样，光线柔和，有较好的艺术效果。

4. 半直接照明

光源有 60% ~ 90% 的光向下直射到工作面上，只有少量的光向顶棚照射再反射到被照物体上。

5. 直接照明

光源 90% 以的光直接投射到被照物体上。亮度大，整个空间十分明亮；同时，这种散光方式具有强烈的明暗对比，可产生生动而有趣的阴影。

图 4-26 为直接照明与间接照明方式示意。

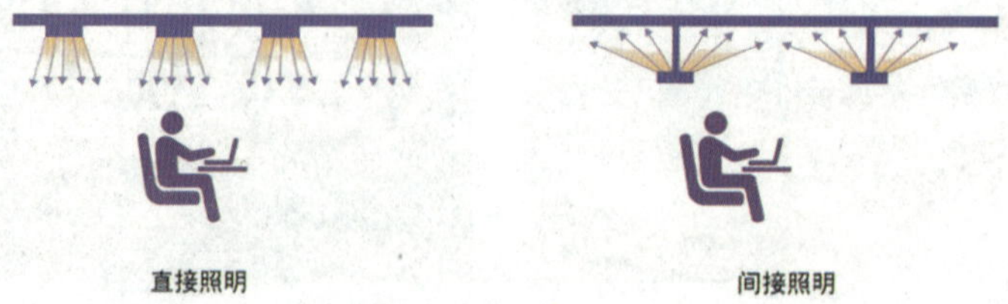

图 4-26 直接照明与间接照明方式

任务六 影响室内光环境质量的因素

在照明设计时，环境中的照度、照度的均匀性、亮度分布、眩光等因素是影响光环境质量的关键，只有正确处理好以上各要素，才能获得理想的、高质量的照明效果。

一、照度

照度水平是作为衡量照明质量最基本的技术指标之一。不同的照度影响着人的视觉功能，给人带来不同的视觉感受。对视觉要求高的作业空间，合理的照度分配显得尤为重要。在确定环境所需要的照度水平时，首先要确定照度与视力的关系，照度太低容易产生视觉疲劳，照度太高容易导致人过于兴奋；其次要考虑被观察物的大小尺寸以及被观察物与其背景亮度的对比程度。

二、照度的均匀度

室内照度的分布应该具有一定的均匀度，否则人眼会因照度不均而产生视觉疲劳。《民用建筑照明设计标准》（GBJ 133—90）中规定：工作区域内的照度的均匀度不应小于 0.7。因此，室内空间中灯具的排列形式和光源照度的分配尤为重要。

三、亮度分布

光源亮度的合理分布是创造室内良好光照环境的关键。亮度分布不均匀，会引起视觉疲劳；亮度分布过于均匀，又使室内光环境缺少变化。相近环境的亮度应当尽可能低于被观察物的亮度，通常被观察物的亮度如果为相邻环境的 3 倍时，视觉清晰度较好。

四、显色性

显色性是指不同光源照射在同一颜色的物体上时，所呈现的不同颜色的特性。物体表面色除了源自物体表面特征外，还取决于光源的能量，不同光源可使物体表面呈现不同颜色。显色性越高，光源对颜色的表现就越好，我们见到的颜色也就越接近自然色。

五、眩光

眩光是由于视野中亮度分布或亮度范围的不适宜，或存在极端的对比，以致引起人眼不舒适的感觉或降低观察目标的能力的视觉现象。眩光通常分为直接眩光和反射眩光。直接眩光是指在靠近视线方向存在的发光体所产生的眩光。反射眩光是由视野中的各种反射光引起的眩光。无论哪种形式的眩光，都将影响照明质量，使人感到不舒适，严重时会觉得昏眩，甚至短暂失明。因此在设计中，我们要控制眩光。

为控制眩光，应从以下几个方面着手：

1. 可选用磨砂玻璃或乳白色玻璃的灯具，也可以采用透光的漫射材料将光源遮蔽。

2. 可在灯具上做遮光罩，并且使光源底端和遮光罩下缘的连线与水平线的夹角控制在 15° ~45° 之间。

3. 布光时应合理安排灯具的数量，灯具数量越多，越容易造成眩光。

4. 在满足照度要求的条件下，应选择合适高度来安置灯具，灯具位置越高，产生眩光的可能性越小。

5. 布光时，应适当提高环境亮度或减小亮度对比。

六、光与影

被照物在光线的作用下会产生明暗变化。可以以中低照度的漫射暖光作为环境照明，再以适合角度和照度的射灯来形成清楚的轮廓和明确的阴影关系，主要用来突出实体的形态和质感。当灯光的光强、照射距离、位置和方向等因素不同时，光影效果产生变化，物体就会呈现出明确与隐晦、清晰与暗淡、雄壮与平淡等不同特征。借助灯光的作用，界面装饰造型的体积感得以加强， 形成优美的光影效果。

任务七 照明与空间设计的完美结合

室内设计是通过其涉及的一切门类和分项工作的共同作用实现对室内空间的调整与完善的。在这些分项工作中，空间设计与照明设计具有“形”与“神”的关系。

一、主次分明

室内空间有主有次，为凸显主要空间的主导地位，在照明的组织方式、灯具的配光效果等方面，应做到主次分明，主要空间可酌情丰富，次要空间照明设计在处理度上要适度降低，形成光环境的主次差别。但要遵循与主要空间统一的原则，不可以相差甚远。

二、满足空间公共性和私密性照度要求

空间照明应与空间使用对象的特征相符合。利用灯光的扬抑处理，将不同区域的照度按功能进行区别对待，形成满足使用要求而又具有节奏感的光环境。提高照度，满足人流集中和流动性强的空间的需求。而适当降低照度可以给人以怡静、舒适的感觉，以满足人们对私密性的需求，如西餐厅、洽谈区、卧室等。

三、促进空间的流通性

人的活动是具有秩序性的。照明设计不仅要明确功能分区，还要对空间序列和空间中的人的动态分布有所体现。空间流通性的体现手法，要视各功能空间或功能区之间的建筑界定方式而定。通常可通过灯具的布置形式、照度变化、光通量分布变化、灯具形式变化、光源色变化等手段来实现空间流通性的打造。

四、利用灯光效果改善空间的尺度感

小面积的空间，在照明设计时采取均匀布光的形式提供高亮度，使长、宽、高三维方向照度分布得相对平均，有扩展空间尺度的效果。对于低矮顶棚，可采用高照度的处理使得空间的纵向延伸感得到加强。对于悠长走廊的处理，可在墙面进行分段亮化处理，化解走廊的深邃感。

本章小结

____

____

____

____

思考练习题

1.[单选] 通常来说下列光源使用寿命最长的是（　　）。

A. 白炽灯　　　　B. 日光灯

C.LED 灯　　　　D. 节能灯

2.[多选] 光源色温不同，光色也不同，带来的感受也不相同，高色温的光源（　　）。

A. 光色偏蓝　　　　B. 温暖、酷热

C. 光色偏红　　　　D. 凉爽、阴森

3.[判断] 在人工光源中，节能灯比 LED 灯要更节能一些。（　　）

4.[填空] 混合照明是由__________和__________共同组合的照明，它是在一般照明的基础上再加强局部照明，目的是对室内进行装饰，增加空间层次感，营造环境气氛。

模块五
CHAPTER 5
室内技术处理与构造设计

思政目标

通过学习室内空间的技术处理与构造设计，掌握室内设计相关知识点，培养工匠精神和严谨求实的学习态度。

知识目标

任务一　室内技术处理
任务二　材料的选择
任务三　室内构造设计
任务四　室内设施与设备处理

能力目标

1. 能掌握室内技术处理的方法
2. 能熟悉室内构造材料、表面装饰材料和技术功能材料
3. 能掌握室内构造设计
4. 能熟悉室内设施与设备处理

素质目标

1. 培养学生从服务于人的需求分析出发的设计思维
2. 培养学生对室内设计的创新意识
3. 培养学生善观察、懂协作、重创意的专业素质

任务一 室内技术处理

室内技术处理过程中，声学、光学、热工学的协调，对于室内环境的完善起着很关键的作用。其中光学问题主要涉及的是采光和照明的范围，是室内设计中一个特殊的重点，这里仅从声学和热工学的角度来进一步分析研究。

一、声学方面的设计

室内声学问题无处不在。人们每天在上班途中忍受各种噪声，甚至在家中还要饱受噪声的侵扰；公共场所需要一定的声学处理才能有一个清晰的语音环境；商业场所和生产企业需要控制自己的噪声，以免侵扰周围居民；HI-FI（高保真）发烧友需要良好的隔声以及高保真的声场来营造音响带来的震撼；音乐人和录音工程师同样面临各种声学问题，他们需要更准确的听音环境。

近年来，由于一些设计师缺乏对大型专用器材及声学环境的专业了解，家庭影音系统的安装及大型灯光音响工程经常碰到一些专业技术难题，室内或场馆的设计及装饰材料的选用对后期的音响工程造成许多困难，并带来音效表现差、重复施工、交叉监理等各种麻烦。

室内声环境是研究室内声波的传播规律、声场特性及控制室内音质的学科，属于建筑声学的范畴。室内声学是在研究分析某些房间的室内声学处理中逐渐完善并建立起来的。现代建筑必须针对剧场、电影院、会议室、录音棚、播音室等对声音有特殊要求的房间进行科学的室内声学设计，如果在建筑设计阶段就有通晓建筑声学的专家或建筑师参与声学设计，其声学效果自然不会太差。对于那些并非以声学功能为主的建筑，一般没有精通声学的人介入，则同样存在声学问题。从事精装修的设计师如果缺乏建筑声学知识，全然不管其中的声学效果，就会出现设计问题。例如，有的电话会议室无法使用，墙面净是玻璃、金属、木板等反射材料，无一点吸声材料；有的培训班讲课教室不能使用扩音器，隔墙虽到顶，但封闭不严，隔墙内无吸声材料；有的卡拉 OK 包房隔墙不到顶或缝隙密封不严，隔壁的歌声还大过自己唱的；有的大会议厅无法听清报告人的讲话；等等。

思考

我们到底需不需要声场中的“回声”？为什么？

____

____

____

____

1. 声学设计

声学设计包括音质设计和噪声控制两个方面。

（1）音质设计

室内声学质量包括听得清楚和音质优美两个方面，这就要求声音有一定的响度、清晰度和丰满度。音质设计的任务就是根据室内空间的功能要求，通过室内空间的体形设计和不同吸声材料的合理布置，控制适当的混响时间。

1）以语言清晰度为主的室内空间，如会堂、报告厅、多功能厅等，混响时间一般应控制在 1.1 s 以内。

2）以声音的丰满度为主要要求的室内空间，如歌剧院、音乐厅、交响乐厅等，混响时间一般不应低于 1.5 s。

3）语言清晰度和声音丰满度两者兼顾时，可取适中并偏语言清晰度要求的混响时间，必要时可辅之以电声。

（2）噪声控制

噪声控制在室内设计阶段，主要是隔绝建筑之外的交通噪声、商业噪声等环境噪声和建筑物内部产生的噪声——相邻房间的噪声和空调机等机械噪声。主要手段是提高建筑和房间的围护结构，包括隔墙和门窗的隔声性能。对本房间内发生的噪声，则要采取适当的吸声措施。

1）隔声。材料的隔声性能符合质量定律。材料的容量越大，其隔声性能越好。在隔声问题上特别要重视缝隙的处理，重点处理好门窗缝隙和装配式墙体的板缝。有的卡拉 OK 包房隔墙不到顶，吊顶又无隔声措施，进入这种环境简直是找罪受。各种房间的隔声要求属强制性标准。

2）降噪。降噪的具体要求包括以下几点：

①降低环境噪声的主要手段是提高外围护结构的隔声性能，因为门窗是城市噪声进入房间的主要通道，所以应重点处理好门窗的隔声问题（图 5-1）。塑料门窗在隔声和密闭性方面的独特优点使它在欧美等发达国家得到普遍的采用。吸声性能好坏取决于材料吸声系数的大小。

图 5-1　铝型材门窗降噪结构

②各种风机、空调机等设备的机械噪声，应采用减振器、消声器、柔性连接等方法，控制噪声的传播。

③对于室内产生的噪声，可采用增加吸声材料的办法降低噪声。一般表观密度越小，吸声性能越好。

现在有一些既有一定的吸声性能，又有一定装饰性能的材料，为室内设计师设计既满足声学要求又有一定的装饰效果的室内环境提供了很大的方便。

2. 室内声场设计及装修注意事项

（1）声场设计

一个声场的基本设计应包括：隔声处理，现场噪声的降低，建筑结构的合理要求，声均匀度的实现，声颤动、聚焦、共振反馈等问题的解决，室内混响的正确计算。

1）建声原则：混响合理，声音扩散性好，没有声聚焦，没有可闻的振动噪声，没有死声点。

2）室内装修：色调不能导致会议或演出时太昏暗，避免扩声区域内出现中空较大或支撑较差的腔体结构，避免大面积玻璃窗，不要将石膏天花板直接安装在铝合金槽里，必须加吸声、隔声材料，铝合金槽最好上胶加固。

（2）室内声学特性的基本要求

1）具有合适的响度：礼堂（以语音为主）的响度大于 85 dB，歌厅（音乐厅）的响度大于 103 dB，迪厅的响度大于 110 dB，会议室的响度大于 80 dB。

2）声能分布均匀：在观众席的各个座位上听到的声音响度应比较均匀；通过音质设计，应该能使观众席各个区域的声压级差别不太大，室内声场不均匀度应控制在 3~6 dB 之内。

3）满足信噪比要求：噪声对人们的正常听觉产生干扰和掩蔽作用，不同用途的室内环境，其允许的噪声等级不尽相同，通常在室内最小声压级的位置上，信噪比应该大于 30 dB。

4）保证室内各处频率响应均衡：室内音响系统应保证各处频率响应均衡，要求 125~4000 Hz 内起伏为 6~10 dB，1000~8000 Hz 内起伏为 10~15 dB；如果室内存在声聚焦、死声点、驻波、声共振等声学缺陷，就会破坏频率均衡，特别是中低频驻波，一定要妥协处理好。

5）选择合适的自然混响时间：礼堂（以语音为主）为 1.2 ~ 1.5 s，音乐厅为 1.8 ~ 2.4 s，中小歌厅为 0.7 ~ 1.2 s，会议室为 0.5 ~ 0.8 s。

3. 声学方案设计时参考的有关标准

（1）IEC914—会议系统——电子及音频设备标准。

（2）音频会议扩声及视频显示系统依照中华人民共和国国家行业标准。

（3）GY J25—1986 厅堂扩声系统的声学特性指标。

（4）GB 50147—2010 电气装置安装工程高压电器施工及验收规范。

（5）JGJ 16—2008 民用建筑电气设计规范（条文说明）。

（6）GB/T 7401—1987 彩色电视图像质量主观评价方法。

二、热工学方面的设计

由于室外热湿作用经常变化，建筑物围护结构本身及由其围成的内部空间的室内热环境也随之产生相应的变化。属于室内的气候因素有进入室内的阳光、空气温湿度、生产和生活散发的热量和水分等。室内外热湿作用的各种参数是建筑设计的重要依据，它不仅直接影响室内热环境，而且在一定程度上也影响建筑物的耐久性。

建筑热工学的主要任务是研究如何创造适宜的室内热环境，以满足人们工作和生活的需要。建筑物既要抗御严寒、酷暑，又要把室内多余的热量和湿气散发出去。对于特殊建筑，如空调房间、冷藏库等不仅要考虑热工性能，而且还要考虑投资和节能等问题。

1. 建筑朝向和建筑群布局与自然通风的关系

（1）建筑朝向

选择建筑朝向时，首先要争取房间的自然通风，同时要综合考虑防止太阳辐射。为争取房间的自然通风，房间的纵轴宜尽量垂直于夏季主导风向，主要房间应布置在夏季的迎风面。

（2）建筑群布局

建筑群的布局对组织好室内通风具有重要作用，要避免某一建筑处于涡流区内。影响涡流区长度的主要因素是房屋的大小以及风向投射角。涡流区的长度随房屋的高度及宽度的增大而增大，随房屋的深度增大而减少。风向投射角是风向与房屋外墙面法线的交角。

一般建筑群的平面布局有行列式、周边式及自由式 3 种。行列式又可分为并列式、错列式和斜列式。从通风效果来看，错列式和斜列式较并列式和周边式为好。建筑高度对自然通风也有很大的影响，高层建筑对室内通风有利。但是高层建筑也存在把城市上空的风引向地下，产生“楼房风”的危害。在高层建筑的两侧及顶部绕流过去的风速比较大，如果高层建筑的底层为开敞式，通风效果会加强，但是在设计时若考虑不周也会有问题。

2. 建筑防热设计基本原则

（1）室内过热的原因

在南方炎热地区的夏天，建筑物在强烈的太阳辐射和气温的共同作用下，通过房子的屋面、外墙，把大量的热量传进室内，通过开着的窗户和门透进太阳辐射热和热空气，周围地面和房屋将太阳辐射反射到建筑的墙面和窗口。此外，室内产生的生活的余热，如电器、照明和人体散发的热量和外面传进来的热量共同导致室内过热。

（2）建筑防热途径

建筑防热应采取自然通风、窗户遮阳、围护结构隔热、环境绿化等综合性措施，尽量减少传入室内的热量，并使室内的热量尽快散发出去，改善室内的热环境。

1）减弱室外的热作用。

合理地选择建筑的朝向和进行建筑群布局，防止过度日晒。居住建筑物的朝向宜采用南北向或接近南北向。尽量避免主要房间受到东西向日晒。同时要绿化周围环境，以降低环境辐射和空气温度。对外围护结构的外表面，应采用浅颜色以减少对太阳辐射的吸收，降低综合温度，从而减少进入外围护结构的传热量。

2）外围护结构的隔热和散热。

对屋顶及东西外墙等围护结构要进行隔热处理，达到节能所要求的热工指标，使内表面温度满足隔热设计标准的要求。白天隔热好而夜间散热又快的隔热形式是最理想的，尤其适合在自然通风情况下采用。通风屋面和通风墙是应用广泛又有效的隔热方式（图 5-2）。

图 5-2 建筑外墙使用岩棉板隔热、保温

3）良好的自然通风。

自然通风是排出室内余热，改善室内热湿环境的主要途径之一。组织自然通风的措施包括：使房间的进风口尽量接近夏季主导风向；居住区的总体规划和居住建筑的平面、立面设计及门窗的设置应有利于自然通风，利于室内的风场分布；设置通风结构；利用绿化、地理环境组织通风等。

4）遮阳。

建筑物的向阳面，尤其是东西向窗户，宜优先采用活动或固定的建筑外遮阳设施。在屋顶和西墙的外侧设置遮阳设施，可以降低它们的室外综合温度。在建筑设计中，宜结合外廊、阳台、屋檐等构件达到遮阳的目的。利用绿化、设置其他活动的或固定的遮阳设施也可实现有效的遮阳。

5）利用自然能。

利用自然能主要包括建筑外表面的长波辐射、夜间对流、被动蒸发冷却、地冷空调、太阳能降温等防用结合的措施。

任务二 材料的选择

材料的选择是室内设计中的重要环节。在设计过程中，设计师按照设计美学要求来选择材料，材料应用的正确与否，将会影响使用的功能、形式的表现及装饰效果的持久性等诸多方面。因此，我们很有必要将材料的使用放在技术设计层面上来讨论，从科学的角度更好地选择材料。

在室内设计中，能够充分对材料加以利用，体现了设计师对材料的熟悉和运用技能，更是设计师设计能力的重要体现。在室内设计中，合理把握各种材料的性能，选择合适的材料完成设计方案是设计过程的重要工作内容。材料选择和运用是设计的一部分，换句话讲，对材料的选择就是设计。熟练地运用材料进行设计是一个不断实践学习的过程。客观地讲，不断地学习认识材料的性能用途和装饰功能，不断地进行设计实践，是设计师提高设计水平、创作优秀作品的重要途径之一。

材料的选择可以根据其应用的部位，按照施工工艺先后的顺序，分为室内构造材料、室内表面装饰材料和室内技术功能材料等。

一、室内构造材料

室内构造材料主要是指在室内设计中用以分隔空间、构成主要空间层面的材料，是装修施工中关键的基层材料，如做隔墙和隔断处理的骨架、木地板下的基层格栅、天花板吊顶的轻钢龙骨等（图5-3～图5-5）。在施工时，这些材料按照施工工艺的先后使用。这类材料可能在施工结束后被其他材料覆盖或掩饰，其对室内空间的结构起着非常重要的构造作用。因此，在选择这类材料时，必须注意材料的强度、硬度、施工方法等。

图5-3　轻钢龙骨隔断

图5-4　木地板铺装

图5-5　石膏板吊顶的前后效果

二、室内表面装饰材料

在室内设计中，对不同装饰材料的组织与设计至关重要。装饰材料的种类繁多，如何合理地组织，直接影响着室内的功能、使用的舒适度及室内空间的审美特征。对不同装饰材料进行合理的组织与设计时，只有遵循一定的原则，才能做到有的放矢。同时应重点关注装饰材料的质地、光泽、纹理与花饰等。

1. 装饰材料的质地

装饰材料的质地是指材料表面的粗糙程度或肌理，不同的质地会产生不同的装饰效果。室内各界面选择装饰材料时，既要组合好各种材料的肌理，又要协调好各种材质的对比关系。在室内空间中，材料的质地除满足功能需求外，还要符合设计的形式美法则、节奏、韵律、比例、均衡等，符合空间构图的需要，使室内的空间关系虚实相映、刚柔并济。

2. 装饰材料的光泽

装饰材料的光泽是指材料表面反射光线的属性，通常把有光泽的装饰材料称为光面，光泽特别强的甚至称为镜面材料，如大理石（图 5-6）、花岗石（图 5-7）等石材和不锈钢板材等；把表面无光泽的称为无光或亚光，如各种釉面砖（图 5-8）、油漆涂饰过的木材等。

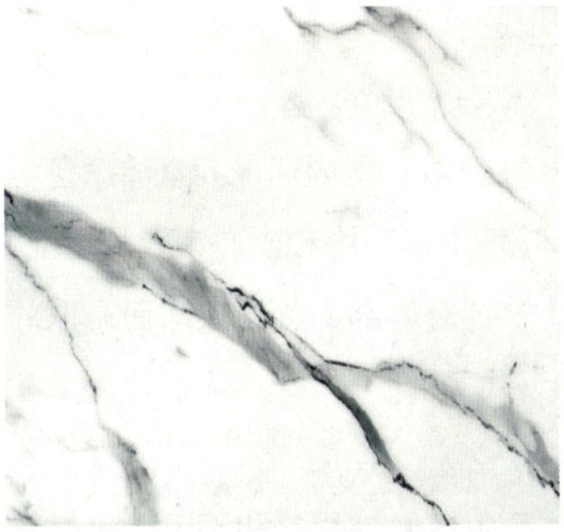
图 5-6　大理石

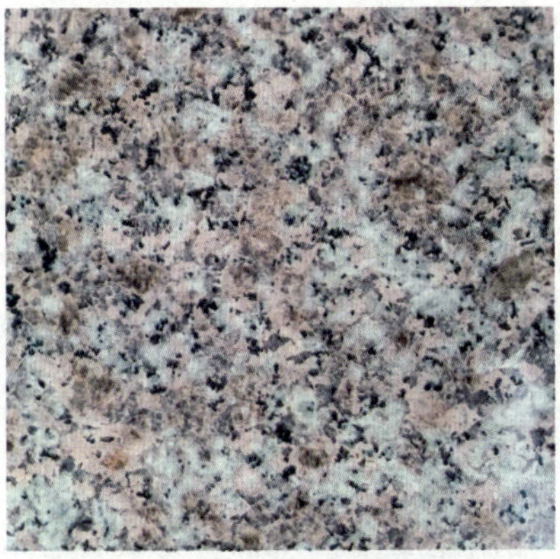
图 5-7　花岗岩

图 5-8　釉面砖

3. 装饰材料的纹理与花饰

许多装饰材料是以表面的纹理和花饰来体现其本身的特点的，如有好看的木纹的木材、人造的木材贴面、石材、印花的釉面砖、各种纺织品面料等。

一般来讲，设计师在选择装饰材料时，应重视材料本身的质地，充分发挥材料自身的特点，不要刻意去掩饰，如木材优美的纹理应当用清漆类涂料来涂饰，而尽量避免用不透明的涂料来掩盖。

4. 装饰材料的材质类型

在室内空间中，装饰材料的具体体现是室内环境界面上相同或不同的材料组合，从材质类型看，可分为以下三种方式。

（1）相同材质构成

在室内空间中，为营造统一和谐的气氛，往往采用同一材质或以同一材质为主的组合。同一材质组合构成很容易形成视觉的统一感，但也容易造成单调感。因此，对同一材质的构成可以采用不同的构成方式。如使用同一木材，可以采用凹凸的方式，可以采用改变木材纹理方向的方式，可以采用板块之间对缝的方式等，从而实现构成关系，这样可形成既有细节又有整体的视觉效果。

（2）相似材质构成

室内空间中的相似材质如同色彩构成中的近似色，虽有差异，但很接近。相似材质组合要特别注意材质对比关系的恰到好处。在实际操作中，相似材质的应用往往会以不同的面积、比例、结构方式等形式要素的相互衬托来组合。例如，同为金属材质的铝板与不锈钢板，采用一定面积的铝板材质，配合局部的不锈钢条收边，在对比中可体现出工艺的精湛和视觉的美感。这些都能在和谐中寻求恰当的对比关系。

（3）对比材质的构成

不同材质差异较大，各自的形象特征明显，不同材质的组合构成在室内设计中有较多应用，它能起到冲击力强、鲜明醒目的视觉效果，通过材质的合理构成来体现材质美感。例如，木质与玻璃的对比，织物与金属板的对比，均可产生较强的视觉效果。对于对比材质的应用，更多的要注意统一协调的关系。选择同为自然属性的材质（木材与天然石材）就较容易形成和谐，选用同一色调或接近的色彩较容易和谐。例如，采用木材本色与同为木质色系的金属板就较容易构成和谐的关系。

三、室内技术功能材料

技术功能材料在室内设计中与装饰的表面效果不一定有直接的关系，但对于室内环境的整体质量，尤其是舒适程度等物理性能指标有很大的影响，它们在改善室内的光环境、声学环境和创造宜人的温度、湿度等方面有直接的作用。选择相应的技术功能材料是室内技术设计中针对局部的物理缺陷而采取的对策，选择材料的依据是与它们有关的物理性能指标。这类材料有如下几类。

1. 光学材料

光学材料主要用于室内的采光和照明等方面。光学材料大致可以分为透光性材料和不透光性材料两大类。其中，透光性材料又可分为整透射材料、半透射材料和散射材料三类；不透光性材料也可分为反射材料、半反射材料和漫射材料三类。

如何用好光学材料，对于保护光源、导入光线或改变光源性质很关键。作为设计师，应充分重视光学材料的使用，使得空间环境、氛围更加融洽和协调，满足功能需要，磨砂玻璃、半透明亚克力板、光学格栅或软膜天花板吊顶材料的使用，使光源的光线漫射到陈设物品之上，光线的能量均匀分布在较大的空间区域中，从而降低局部过高的亮度，以减弱眩光甚至消除眩光（图 5-9 ~ 图 5-12）。

图 5-9　磨砂玻璃

图 5-10　半透明亚克力板

图 5-11　光学格栅

图 5-12　软膜天花板吊顶

2. 声学材料

声学材料主要用于改善室内的声学质量，分为吸声材料、反射材料和隔声材料三种。

（1）吸声材料

吸声材料（图 5-13 和图 5-14）是指吸声系数比较大的建筑装修材料，能够吸收有害的声能。它的物理指标是吸声系数，系数越大，材料吸收声能的性能越强。好的吸声材料多为纤维性材料，也称多孔性吸声材料，如玻璃棉、岩棉、矿渣棉、棉麻和人造纤维棉、特制的金属纤维棉等，也包括空隙连通的泡沫塑料之类。从使用的角度看，可以不管吸声的机理，只要查阅材料吸声系数的实验结果即可。在选用时，还要注意材料的防潮、防火以及可装饰性等其他要求。

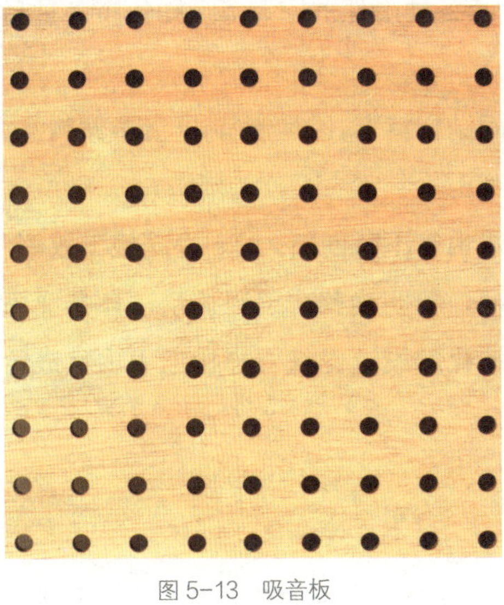

图 5-13　吸音板

图 5-14　吸音棉

（2）反射材料

反射材料是吸声系数小的材料，即具有较强的反射声音的能力，实际使用中大多采用表面光滑的硬质材料。

（3）隔声材料

隔声材料是不透气的固体材料，对于空气中传播的声波具有隔声效果。隔声效果的好坏最根本的一点取决于材料单位面积的质量。在设计和施工中要特别注意，两层之间不能有刚性连接。如果两层固体隔层有刚性构件相连，则会破坏固体—空气—固体的双层结构，使两个隔层的振动连在一起，隔声量便大为降低。尤其是双层轻结构隔声，相互之间必须相互支撑或连接时，一定要用弹性构件支撑或悬吊，同时注意需要分割的两个空间之间，不能有缝或孔相通。“漏气”就要漏声，这是隔声的实际问题。

3. 热工材料

热工材料的主要作用是保温隔热，它们的导热系数应在 0.2 以下，并且有一定的可加工性。衡量材料热工性能的物理指标是导热系数、蓄热系数、比热容和重度，主要的指标是导热系数。这类材料主要用在室内装修的墙体、天花板等地方，作为阻断热源、保温的材料。实际运用中常常采用发泡类的塑料及其他中空的材料。

由于室内设计中所涉及的材料成千上万，技术要求很多，不可能用一种材料来同时满足各方面的需要，因此，设计师如何很好地使用材料，体现设计的艺术构思，达到设计需求，是室内设计亟须解决的问题。

任务三　室内构造设计

室内设计涉及不同性质的材料的结合、不同结构部分的组合及各种附件的安装等，如何将各种材料按不同的设计要求组合成一个整体，是构造设计要解决的问题。

由设计设想变成现实，采用现实可行的施工工艺流程，结合空间结构特点，因地制宜，实施方案构想，这些依据条件在设计开始时就要考虑到，以确保施工设计图纸的实施。

现代室内装修施工工艺，在材料不断更新的情况下，工艺方法也在不断创新，对于提高施工效率、改善施工条件和减轻劳动强度等方面有很大的改进。作为设计师，要明确整个流程关系，自身要不断关注行业动态变化，与时俱进，掌控施工构造工艺方法，并转化成设计图纸，指导工程项目进行施工。

施工的方法大致可分为以下几类。

一、现场制作方式

现场制作方式主要是指在施工现场进行的整体成型式的做法，也就是常说的硬装修。施工方法可分为湿作业和干作业。其中，前者是指用水泥、石膏、各种灰浆等，用抹、压、滚、磨、喷、刮及冲刷、斩剁和模塑成型等方法在现场进行施工；后者是指用木材、胶合板、其他型材等，借助一定的机械在现场进行施工的方法，常用的方法有锯、刨、钉、粘等。

二、粘贴式

粘贴式是指用特定的胶凝材料或灰浆等将工厂生产的具有一定规格的面层材料的成品或半成品附加于建筑物表面。主要的材料有釉面砖、地砖、石质板材、壁纸、木质饰面及其他饰面材料，常用的工艺有粘、贴、裱糊、镶嵌等。

三、装配式

装配式是指先在工厂加工好成品或半成品，拿到施工现场进行装配的工艺方法。使用这种施工方式的材料原则上是可以拆卸的部件，如铝合金扣板、轻钢龙骨吊顶、塑钢门窗等，部分石材和木质饰面板材也可使用这种施工方式。常用的工艺有钉、扎、挂、卡等。

此外，还有些特殊的部分需要以特定的工艺来加工和安装，这一类的设计常常涉及结构部件的构造设计。

任务四 室内设施与设备处理

在室内设计过程中，设施与设备是不能忽视的，我们无法避开这些内容，设施与设备在建筑空间中起着非常重要的作用，主要包括给排水设施、卫生设备、电气设备、冷暖空调设备、消防防火设备等。随着建筑与室内设计中的技术含量的提高，尤其是“智能化”概念的引入，各种电子设备与设施在室内设计中被广泛采用。自动化的信息控制和处理系统得到迅速发展，设计师在设计过程中必须具备一定的知识，以确保这些设施充分有效地发挥作用。

从专业的角度来看，这些相关的设施与设备具有相当的技术含量，通常需要有相关专业技术的人员进行设计安装。作为室内设计师必须具备相关知识，具备很好的协调组织能力，能与相关专业技术人员相互配合、相互支持，以完成设计方案，保证设计在施工中能正确指导各项工作的展开。

一般情况下，我们在设计时应重点关注以下设施与设备。

一、给排水设施

给排水在空间设计中主要体现使用功能，即用水的保障是现代室内空间设计里不可缺少的部分，一般在土建时就要进行管道的铺设。这主要涉及用水量的标准和给水来源，还有给排水设施的配备，如图 5-15、图 5-16 所示。与室内装修设计有密切关系的主要是与用水有关的设备，如水槽、洁具、热水器、阀门（龙头）等。而排水的设施也与污水的种类及处理方式有关，如从大小便器中通过粪管排出的污水，从厨房水槽、浴室浴池和洗脸盆中排出的污水，从屋顶、庭院排出的雨水，以及须经特殊处理的从工厂、实验室等处排出的含有毒、有害物质的污水等。在进行室内装修设计时，必须充分考虑到这些设施在安装、使用及维修过程中的必要条件。例如，在排水直管达到一定长度时，必须设置检查井，以方便检查及维修。各种排水器具上必须设置水封或防臭阀，以隔绝来自排水管的异味和虫类。

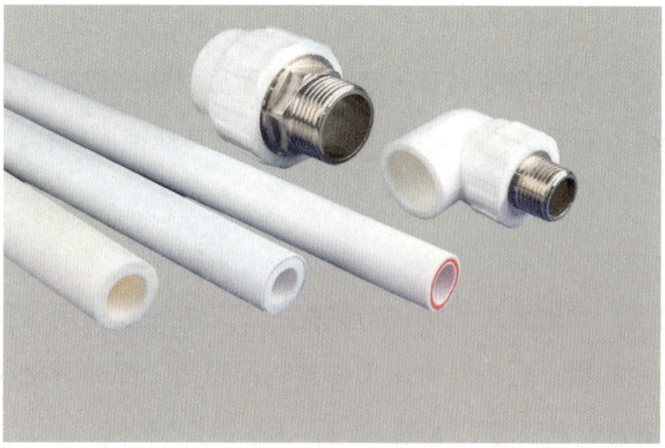

图 5-15　给水管

图 5-16　排水管

二、通风空调系统

通风空调系统（图 5-17 和图 5-18）是营造良好室内环境的重要配套设施。特别是在炎热的夏季和寒冷的冬季，通风空调系统可以调节室内温度，更换新鲜空气，让人能够在一个有着适宜温度的室内环境中生活、学习，让人神清气爽。从空调设备的种类来分，主要有热源集中于一处再输送到各个房间的中央式空调和每个房间分设供冷、供暖空调的分别设置式两种。对于室内设计师来说，供暖空调设备的设置与室内装修设计也有直接的关系。一般在装修设计中要充分考虑室内平面的形状、天花板的高度与形状。设置室内空调机一般注意下述各点：空调机的出风口应当安置在室内的中轴线部位，以使空气能均匀流动并避免家具的遮挡；如在较大的空间内采用中央空调，应能够分区使用以适应不同的用途和区域；空调器的周围要留有一定的空间，以便维修、清扫等。

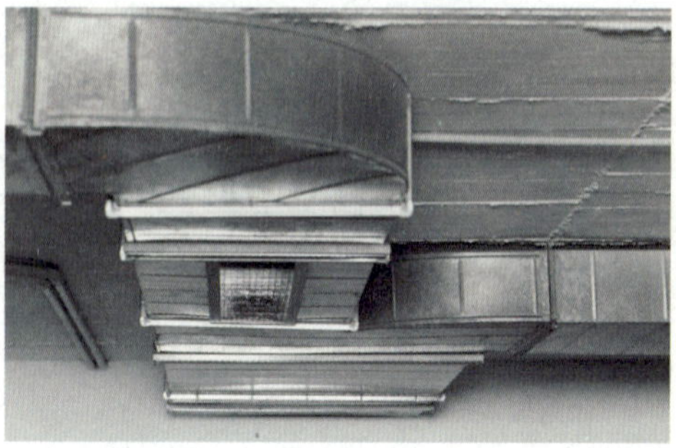

图 5-17　中央空调风管道

图 5-18　中央空调风口百叶

三、强、弱电气设备

电气设备在室内空间中对于用电的要求很高，电源的选择、照明环境的区分、灯具的选择和照度的要求都是室内装修设计时应给予足够关注的。室内装修设计的电气系统可分为强电（电力）和弱电（信息）两部分。弱电是针对强电而言的，两者既有联系又有区别。一般来说，强电的处理对象是能源（电力），其特点是电压高、电流大、功率大、频率低，主要考虑的问题是减少损耗、提高效率。弱电的处理对象主要是信息，即信息的传送和控制，其特点是电压低、电流小、功率小、频率高，主要考虑的是信息传送的效果问题，如信息传送的保真度、速度、广度、可靠性。弱电工程包括电视工程、通信工程、消防工程、保安工程、影像工程及相关的综合布线工程等。

四、消防防火系统

消防防火系统（图 5-19 和图 5-20）包括消防栓给水系统及布置、自动喷水灭火系统及布置、其他固定灭火设施及布置、报警与应急疏散设施及布置等内容。其目的是限制火灾蔓延的程度，保持建筑物结构的完整以及在火灾发生时保护逃生路线的安全性。在室内装修设计时，必须考虑消防设置。

图 5-19　红色消防水管

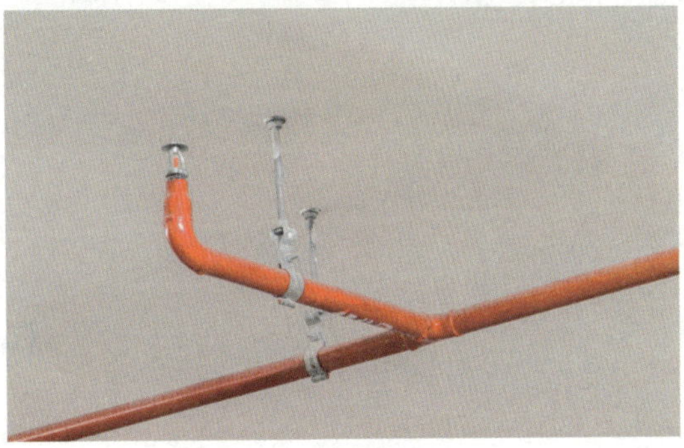

图 5-20　消防喷淋头

本章小结

____

____

____

____

思考练习题

1.[填空] 声学设计包括________和________两个方面。

2.[填空] 以声音的丰满度为主要要求的室内空间，如歌剧院、音乐厅、交响乐厅等，混响时间一般不应低于________s。

3.[简答] 简述室内装修设计的电气系统中强电、弱电设备分别指什么？

模块六
CHAPTER 6

室内家具与陈设

思政目标

通过学习室内空间的家具与陈设设计，横向对比中西方家具发展史，了解中国传统家具设计源流，掌握室内设计相关知识点，培养传承创新人才，增强文化自信。

知识目标

任务一　室内设计的家具

任务二　室内设计的陈设

能力目标

1. 能整理室内家具发展史
2. 能理解室内陈设的设计方法

素质目标

1. 培养学生从服务于人的需求分析出发的设计思维
2. 培养学生对室内设计的创新意识
3. 培养学生善观察、懂协作、重创意的专业素质

任务一　室内设计的家具

家具自产生以来，与人们的生活息息相关。从满足人们居住需求的居住空间，到满足学习、工作、购物、休闲娱乐等需求的公共空间，都离不开家具。据资料统计，绝大多数人在家具上消磨的时间约占全天的 2/3，因此，人们对家具的舒适性和艺术性的要求越来越高。家具在空间布局上，占有很大的比例，居室、办公室的家具占室内面积的 35%~40%，对于教室、餐厅、剧场等人流聚集的空间，家具覆盖率会更高。同时，家具的风格、形态也影响着室内空间的环境效果。由此可见，家具在室内空间中占有很重要的地位，家具的造型与合理的布置对室内环境效果有着重要的影响。

一、家具的发展演变

1. 中国传统家具

中国是历史悠久的文明古国，3500 年前，因所处地理位置以及当时的社会制度，受到的外来的冲击小，于是逐渐形成了完全不同于西方而自成一格的东方家具体系。而多民族、复杂的地理环境，也使得这一体系开枝散叶，形成了丰富的家具形态。从商周时期直至明清，中国传统家具的发展大致分为以下四个阶段。

第一个阶段是商周至三国时期。据可靠文字记载，商代已产生了几、榻、桌、案（图 6-1）、箱柜的雏形，当时人们以席地跪坐方式为主，因此家具都很矮，是低矮型家具的盛行时期。

图 6-1　铜案

第二个阶段是两晋、南北朝至隋唐时期。

两晋、南北朝时期由于西北少数民族进入中原，导致长期以来的跪坐形式发生转变，并逐渐从汉以前席地跪坐改为西域“胡俗”的垂足而坐，高足式家具开始兴起，出现了高型坐具，如凳、筌蹄、胡床（图 6-2）、架子床和椅子等，以适应垂足而坐的生活，室内空间也随之增高。

胡床作为一种坐具，在汉朝时期从西域传入中原地区。其后它的名称、形制经过了一系列长期的演变发展（胡床——交床——交椅）。胡床不是床，胡床是古代一种可以折叠的轻便坐具。胡床是中原地区最早开始使用的高型坐具。受胡床的影响，中原地区传统使用的低型家具逐步向高型家具转变。

隋、唐是中国高型家具得到极大发展的时期，也是席地坐与垂足坐并存的时代。这个时期的坐具十分丰富，主要是为了适应垂足坐的需要。椅子是在唐代中晚期流行的，圈椅亦出现于中晚唐，其造型古拙，今天仍可从唐画《纨扇仕女图》《宫中图》中见到；卧具仍以床和炕为主，四腿床是一般的床式，壶门床为高级床，是隋唐家具的典型代表。

由于多民族文化的融合，形成了矮型家具和高型家具并存的局面。从古代书画、器具图案中可以看出，当时已将凳、椅、床、塌等家具尺度加高。直到隋唐时期，逐渐由席地而坐过渡到垂足座椅。五代时，家具在类型上已基本完善。

图 6-2 胡床（交椅）

第三个阶段是宋元时期。由于垂足而坐已成为固定的姿势代替了席地而坐，因此供垂足坐的高型家具占绝对主导地位并迅速发展，从绘画和出土文物中反映出宋代高型家具（图 6-3）已相当普遍，高案、高桌、高几也相应出现，还出现了专用家具，如琴桌、棋桌等。家具造型轻巧，线脚处理丰富。宋代的燕几，具有可以随意组合、变化丰富的特点，符合了上层社会的使用要求，深受仕宦欢迎，大家竞相仿造。宋代建筑类型多样，也为家具业的蓬勃发展提供了良好的社会环境。

元代家具在宋、辽的基础上缓慢发展，并成为宋明之间一条不很明显的纽带。首先元代家具的形制在宋代的基础上有了修改，其结构更趋合理，诸如：罗涡椅就是非常适合人体“功能”的尺寸、坐靠舒适的坐具；其次是追求家具表面的华贵装饰，尤其是宫廷家具和豪门贵族的用具更是花饰繁复；此外家具的制作工艺注重构件接口间的严密均齐，讲究木质表面纹理的装饰选择，以体现木质家具的“本色”感。

图 6-3 宋代时期的家具

第四阶段是明、清时期。经济的发展，促进了城市的繁荣，同时也带动了中国传统家具行业的发展，家具的品种和类型多样化，造型艺术在当时也达到了很高的水平。

这一时期，中式高型家具发展到了鼎盛时期，形成东方家具特有的艺术风格。雕漆、玉雕等特种工艺也日趋成熟，为家具的进一步发展提供了良好的条件。在装饰上，追求多样、饱满，常运用描金、彩绘等手法，与金、银、玉石、珊瑚、象牙、珐琅器等工艺品相结合，显出富丽堂皇的效果。此外，还有简洁的龙纹、拐子纹、花草纹、云头纹、如意纹、冰裂纹、回形纹、万字纹和几何纹等雕饰，以及“福”“禄”“寿”“喜”等一些汉字纹的运用（图 6-4 ~图 6-10）。

图 6-4　平头案

图 6-5　翘头案

图 6-6　圈椅

图 6-7　清式座椅

图 6-8　官帽椅

图 6-9　榻（又名罗汉床）

图 6-10　几

思考

明代家具与清代家具的变化发展。

2. 西方家具

国外的古代家具在发展过程中也经历了一段漫长的过程，这里我们对古代家具、中世纪家具、文艺复兴时期家具、巴洛克式家具、洛可可式家具及新古典主义时期家具风格进行简要介绍。

（1）古代家具

古埃及家具（图 6-11）多由直线组成，支撑部位采用动物腿形，底部再接以高的木块，使兽脚不直接与地面接触，显得粗壮有力，更具装饰效果。因家具多用木质，因此在古埃及时已经开始注意家具的保护，如在家具表面做漆饰或用石片镶嵌装饰。

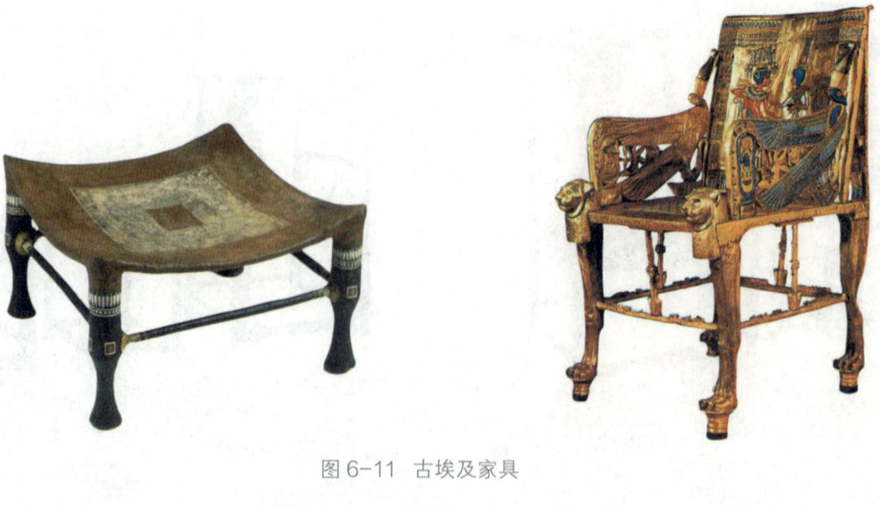

图 6-11　古埃及家具

古希腊家具（图 6-12）与同时期的埃及家具一样，都是采用长方形结构，同样具有狮爪或牛蹄的椅腿，平直的椅背、椅坐等。公元 5 世纪，希腊家具开始呈现出新的造型趋向，这时的座椅形式已变得更加自由活泼，椅背不再僵直，而是由优美的曲线构成，椅腿也变成带有曲线的镟木风格，方便自由地活动坐垫使人坐得更加舒服。在装饰上，忍冬花饰作为一种特定的艺术语言广泛地出现在古希腊家具上，这些细巧的装饰图案与椅子上轻快爽朗的曲线一起，构成了古希腊家具简洁流畅、比例适宜、典雅优美的艺术风格。由于受到建筑形式的影响，古希腊家具很多结构造型常采用建筑的柱式，且多采用精美的油漆涂饰，与古埃及家具相比显得自由活泼。

古罗马时期尽管木质的家具所剩无几，但仍有一些铜质家具被保存下来，呈现出仿木家具的华贵。雕刻内容以人物、植物居多，雕刻精细、华美，如带翼的人面狮身怪兽。折凳在这一时期具有特殊地位，这种座椅腿部成 X 形交叉状并带有植物纹样的雕刻，覆上坐垫，象征着权势。古罗马人善于用织物作为家具的配饰，如可以起到分隔空间作用的帷幔等（图 6-13）。

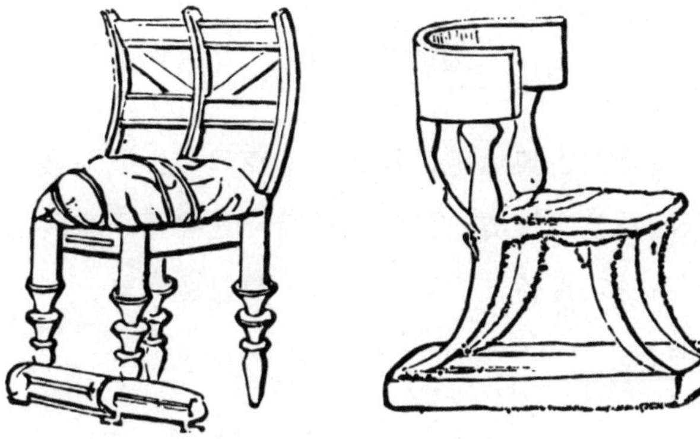

图 6-12　古希腊家具

图 6-13　古罗马家具

（2）中世纪家具

随着古罗马分裂，西罗马的灭亡，东罗马称为拜占庭帝国。拜占庭帝国继承和发扬了古罗马的文化，同时又受到东西方文化的影响。其家具技术上沿袭了古罗马技术，造型框架由古罗马时期的曲线改为直线形。受东方文化影响，出现了用丝绸做家具的衬垫且图案有明显的东方艺术风格。

哥特时期由于宗教建筑盛行，家具的造型及雕刻装饰受到建筑风格的影响很大，大量采用建筑装饰图案和尖拱、扶壁以及密集的细柱。家具比例瘦长，高耸的椅背常带有烛柱式的尖顶，椅背中部和顶盖的楣沿常用细密的拱券透雕或浮雕予以装饰。每件哥特式风格的家具都庄重、雄伟，象征着权势及威严，极富特色（图 6-14）。

（3）文艺复兴时期家具

文艺复兴原意是对古典艺术的复兴，因此在这一时期，家具的造型、装饰手法受到了古希腊、古罗马时期的影响。早期家具具有纯美的线条和协调的古典式比例、优美的图案，流行以木材为基材进行雕刻装饰并镀金。后期常采用深浮雕、圆雕装饰，偶尔镀金。文艺复兴提倡人文主义精神，强调以人为核心而不是神，因此宗教色彩在装饰题材上逐渐消失，取而代之的是富有人情味的自然题材（图 6-15）。

图 6-14　哥特时期家具

图 6-15　文艺复兴时期家具

（4）巴洛克式家具

如果说文艺复兴时期代表的是理性、端庄、高雅的古典风范，那么巴洛克风格则以浪漫主义为出发点，追求的是热情奔放、富于动感、繁复夸张的新艺术境界。其最大的特点是将富于表现力的细部进行细致刻画，简化不必要的部分，突出家具自身的功能性。大量的曲线、复杂的雕刻、丰富的装饰题材、温馨的色调都是这一时期的特点（图 6-16）。

（5）洛可可式家具

18 世纪 30 年代，巴洛克风格逐渐被洛可可风格（又称“路易十五风格”）取代。洛可可式家具以其功能的舒适性和优美的艺术造型影响欧洲各国。洛可可式家具造型纤细优美，常采用 S 形曲线、涡卷形曲线形式。以贝壳、岩石、植物等为主要装饰题材，装饰手法常见雕刻、镶嵌、油漆、彩饰、镀金。整体体现精致、柔美的女性特点（图 6-17）。

图 6-16　巴洛克式家具

图 6-17　洛可可式家具

思考

巴洛克式家具与洛可可式家具的变化发展。

____

____

____

____

（6）新古典主义时期家具

巴洛克风格与洛可可风格发展到后期，逐渐脱离家具的结构理性，重装饰而轻功能。在这样的背景下，以重视功能性、简洁的线条、古朴的装饰为主要特色的新古典主义风格成为新的流行趋势。直线和矩形是这一时期的造型基础，家具腿部线条采用向下收缩的处理手法，并雕有直线凹槽。玫瑰、水果、植物、火炬、竖琴、柱头、人物等都是这一时期常见的装饰元素。新古典主义时期的家具意在复兴古典艺术，但不仅仅是仿古或照搬，而是运用现代的手法和材质来还原古典气质（图 6-18 和图 6-19）。

图 6-18　新古典主义时期家具 1

图 6-19　新古典主义时期家具 2

3. 近现代家具

19 世纪工业革命后，西方率先进入了工业化时期。新材料、新工艺的产生，使设计师旧有的设计思路发生转变，家具的材料求新、造型求变已经成为当时的设计热潮。从这时期开始，家具存在两种设计思路：一种是以强调手工技能创造新形式的艺术家和工程师相结合的路线，创造出了反对传统风格，追求一种可以表现这一时代的简单朴实、乡土气息浓厚的新家具形式。代表人物有威廉·莫里斯、奥托·瓦格纳；另一种是走工业化生产家具的路线。运用新技术，将家具简化到了无法再简化的程度。

最具代表性的是由迈克尔·托奈特设计的 14 号椅（图 6-20），它以配件的形式成套供应，结构合理，价格低廉，为大众所接受。从此开启了现代家具设计的新局面。在这两种思潮的推动下，先后兴起了工艺美术运动、新艺术运动、风格派、包豪斯学派、国际风格派。

（1）工艺美术运动

工艺美术运动是 19 世纪下半叶的一场主张复兴传统手工艺，探索手工艺与工业技术结合的一场运动。这一时期的家具提倡哥特式风格和其他中世纪风格，注重功能，造型简洁。代表人物是威廉·莫里斯，后被人尊为“现代艺术设计之父”。

（2）新艺术运动

新艺术运动起源于英国的工艺美术运动，倡导完全抛弃各种传统装饰风格，彻底走向自然风格，强调自然中没有直线，因此在设计中突出曲线和有机形态。这一时期的代表人物是麦金托什。

（3）风格派

风格派的产生源自绘画中的空间几何构图，并运用到建筑、室内和家具设计中。这一时期的家具设计主要特点是把传统形态完全抛弃，以抽象的元素作为设计的主体，家具的整体形态呈几何结构，以红、黄、蓝三原色为主，黑、白、灰加以调和的色彩体系。这一时期的代表作是吉瑞特·托马斯·里特维德的“红蓝椅”（图 6-21）。

图 6-20　14 号椅

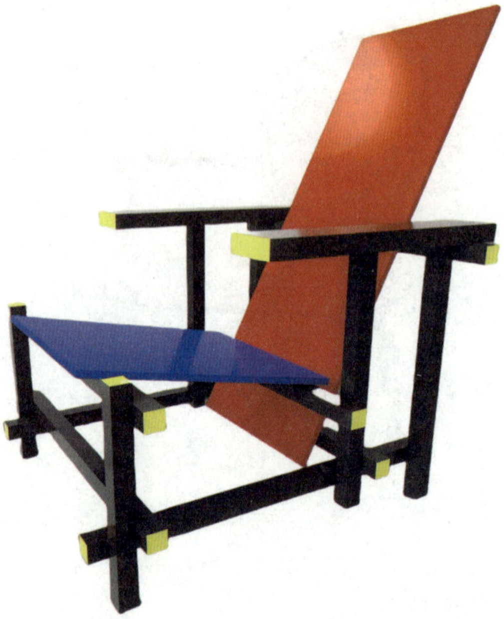

图 6-21　红蓝椅

（4）包豪斯学派

德国包豪斯学院的建立，奠定了现代设计教育的体系，被人们称为“现代设计的摇篮”。包豪斯派提倡自由创造，反对模仿，设计主张将手工艺和机器生产相结合。代表作有马歇·布鲁尔的“瓦西里椅（图 6-22）”、密斯·凡·德罗的“巴塞罗那椅（图 6-23）”、勒·柯布西耶的“大安逸椅”。

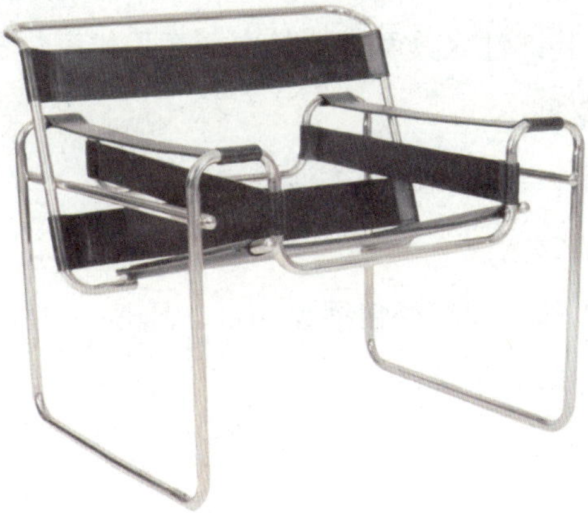

图 6-22　瓦西里椅

图 6-23　巴塞罗那椅

（5）国际风格派

包豪斯学院被迫关闭后，德国许多著名的设计师来到了美国，并在第二次世界大战期间形成了美国国际风格。这种风格注重家具的功能性，家具形态以几何形作为造型元素，以完美的比例、精良的技术和材料，创造出结构合理、富于秩序美的现代家具（图 6-24 和图 6-25）。

图 6-24　蛋椅

图 6-25　天鹅椅

二、家具的尺度与分类

1. 人体工程学与室内家具

空间中的主体是人，人的生理、心理以及情感都将作为设计的主要依据。因此，家具的设计、布置必须考虑人的生理尺度和心理尺度，遵循人的活动规律，使人在使用时感到舒适、安全、便捷。

为了使家具能够更适宜人的使用，研究人员对人体各部位的尺寸进行计测，观察人在生活、学习、工作、休闲等场所的行为方式，统计人与各类家具的接触部位，为家具设计提供了精确的数据参考，从而确定家具的造型、尺度以及家具与室内环境之间的关系。

2. 家具的分类

（1）根据家具的用途，可将家具分为实用性家具和装饰性家具两类。其中，实用性家具按家具功能分为坐卧类家具、储存类家具、凭倚类家具、陈列性家具。

坐卧类家具：为人的休息所用，起到支撑人体的作用，包括椅、凳、沙发、床等。

储存类家具：储存物品、组织空间，包括柜、橱、架等。

凭倚类家具：为人的工作、休息时所用，起到承托人体的作用，包括桌、台、几等。

陈列性家具：摆放和展示物品，包括陈列柜、展柜、博古架等。

装饰性家具：点缀空间，供人欣赏，包括花几、条案、屏风等。

（2）根据结构形式分类。

①框架结构家具。我国传统的家具结构类型，采用框架作为支撑结构的家具，材料一般选用实木，以榫为主要连接方式。

②板式家具（图 6-26）。以人造板材为基材进行贴面工艺制成的家具。板式家具具有拆装容易、造型富于变化、不易变形、质量稳定等优点。

图 6-26　板式家具

③拆装家具。拆装式家具突破了以往框架式家具的固定和呆板，充分发挥了人的想象空间，实现了个性化、实用化的家居理念。其最大优点是容易拆装、组合，并且方便运输，还能节省保存空间。

④折叠家具。突破传统的设计模式，通过折叠，可以减少体量较大物品所占的空间。功能多样，使用灵活自如，便于携带，适用于小面积室内空间。

⑤充气家具。内置块状气囊，外罩面料种类较多。携带和存放极为方便。

⑥多功能组合家具。该类家具功能转换快，可以满足不同功能的要求，灵活性好，可以瞬间释放空间，适用于小面积室内空间。

（3）根据使用材料分类。

①木、藤、竹质家具（图 6-27）：主要部件由木材或人造板材、竹材、藤制成的家具。纹理自然，有一定的韧性，有浓厚的乡土气息。

图 6-27　木、藤、竹质家具

②塑料家具：主要部件由塑料制成的家具。造型线条流畅，色彩丰富，适用面广。

③金属家具：一般是指由质轻高强的钢和各种金属材料制成的家具。其特点是材料变性小，加工困难。

④玻璃家具：一般采用高硬度的强化玻璃和金属框架。由于玻璃的通透性，可以减少空间的压迫感，较适用于面积小的房间。

⑤石材家具：多选用天然大理石、人造大理石。天然大理石色泽透亮，有天然的纹路；人造大理石花纹丰富。石材制作家具以面板和局部构件较多。

⑥软体家具（图 6-28）：主要包括布艺家具和皮制家具。因其舒适、美观、环保、耐用等优点，越来越被人们所重视。

图 6-28　软体家具

3. 家具在室内环境中的作用

（1）限定空间

室内空间中，除墙体可以限定空间外，家具也具备限定空间、提高室内空间的使用率和灵活性的功能。

（2）组织空间

在室内空间中，按照空间功能分区划分，将与之相适应的家具布置其中，虽然家具之间没有明显的边界，却可以体现出空间的独立性并被人感知。

（3）营造氛围

家具既有实用功能，又有观赏功能。家具的风格、造型、尺度、色彩、材质要与室内环境相适应，从而创造理想的空间环境。

三、家具的布置原则

1. 室内家具布置要考虑家具的尺寸与空间环境的关系

在小空间中，应当使用比较具有整合性的家具。如果使用过大的家具，就会使整个空间显得比较狭小；而较大空间中使用比较小的家具会使空间显得比较空旷，容易产生不舒适的空间感受。因此，在室内设计中应根据家具的尺寸与空间环境进行比较契合的搭配，使得空间与家具相得益彰。

2. 家具的风格要与室内装饰风格相一致

家具的风格需要与整体的室内风格相一致，能够使整体风格得到比较充分的表现。在现代的设计中，有折中主义和混搭主义，将各种风格进行综合使用的手段，但是这种风格仅适用在特殊的空间环境中。

3. 家具要传递美的信息，使人在使用的同时获得美的享受

家具也随着技术的更新发生着变化，在空间中，家具的舒适度得到不断的提升，家具的款式和造型也不断更新。人们在使用家具的同时，也享受着家具带来的视觉和使用美感。

四、家具的布置方式

1. 从家具在空间中的位置分

（1）周边式

布置时避开门的位置，沿四周墙体集中布置，留出中间位置来组织交通，为其他活动方式提供较大的面积。此种布置方式节约空间面积，较适合面积较小的空间（图 6-29）。

图 6-29　周边式

（2）岛式

与周边式相反，岛式在室内中心部位布置家具，四周作为过道。此种布置方法强调家具的重要性和独立性，中心区不易受到干扰和影响，适合面积较大的空间（图 6-30）。

图 6-30　岛式

（3）单边式

仅在空间中的一侧墙体集中布置家具，留出另一侧空间用来组织交通，适合小面积空间（图 6-31）。

（4）走道式

空间中相向的两侧墙体布置家具，留出中间作为过道，交通对两边都有干扰，适用于人流较少的

空间（图 6-32）。

图 6-31　单边式

图 6-32　走道式

（5）悬挂式

为了提供更多的活动空间，家具的布置方式向空中发展。悬挂式家具与墙体结合，使家具下方空间得到充分的利用。

2. 从空间平面构图关系分

（1）对称式

空间中有明显的轴线，家具呈左右对称布置，适用于庄重、严肃、正规的场合。

（2）非对称式

家具在空间中按照形式美法则灵活布置，显得活泼、自由，适用于轻松的休闲场所。

任务二　室内设计的陈设

陈设就广义而言是指室内空间中除固定的建筑构件以外所有具备实用性和观赏性的物品。陈设以其丰富的形式，占据了绝大部分空间环境，能够烘托空间气氛，以提升空间的性格和品位，达到装饰空间的目的。良好的室内陈设能陶冶心性，给人们带来一定的视觉享受，使人们的情绪获得进一步的升华。因此，室内陈设在具备实用功能的基础上有着更高的精神境界。

一、室内陈设的分类

1. 功能性陈设

功能性陈设是指具有一定使用价值又有一定观赏性和装饰性作用的陈设品，如家具、灯具、织物、器皿等。（图 6-33）

2. 装饰性陈设

装饰性陈设重装饰轻功能，主要用来体现空间的意境，陶冶人的情操，如艺术品、工艺品、纪念品、收藏品、观赏性的动植物等。（图 6-34）

图 6-33　功能性陈设

图 6-34　装饰性陈设

二、室内陈设的布置原则

1. 统一格调

陈设品的种类繁多，个性复杂，如果不能和室内其他元素相协调，必会导致其与室内环境风格形式的冲突，从而破坏环境的整体感。因此，布置时要以室内风格为出发点。

2. 尺度适宜

为了使陈设品与室内空间拥有恰当的比例关系，要根据室内空间的大小进行布置。同时，还必须考虑陈设品与人的关系，要根据人的观赏习惯进行布置，避免失去正常的尺度感。

3. 主次分明

布置陈设品时，要在众多陈设品中尽可能地突出主要陈设品，使其成为室内空间中的视觉中心，使其他陈设品起到辅助、衬托的作用，不可喧宾夺主，避免造成杂乱无章的空间效果。

4. 富于美感

绝大部分室内陈设的布置是为了满足人们视觉感受的需求，属于视觉美的范畴，因此在布置时应该符合形式美法则，而不仅仅是填补空间布局。

三、室内陈设的陈列方式

1. 墙面陈列

墙面陈列是指将陈设品以悬挂的方式陈列在墙上，如字画、匾联、浮雕等。布置时应注意装饰物的尺度要与墙面尺度和家具尺度相协调。

2. 台面陈列

台面陈列是指将陈设品摆放在桌面、柜台、展台等进行陈列的方式。布置时可采用对称式布局，显得庄重、稳定，有秩序感，但欠缺灵活性；也可采用自由式布局，显得自由、灵活且富于变化。

3. 悬挂陈列

在举架高的室内空间，为了减少竖向空间的空旷感，常采用悬挂陈列，如吊灯、织物、珠帘、植物等。布置时应注意所悬挂的陈设品的高度不能对人的活动造成影响。

4. 橱架陈列

因橱架内设有隔板，可以搁置譬如书籍、古玩、酒、工艺品等装饰物，因此具备陈列功能。对于陈设品较多的空间来说，橱架是最实用的形式。布置时宜选择造型色彩单纯简朴的橱架，布置的陈设宜少不宜多，切不可使橱架有拥挤和堆砌的感觉。

5. 落地陈列

落地陈列适宜体量较大的装饰物的陈设，如雕塑、灯具、绿化等，适用于大型公共空间的入口或中心，能够起到空间引导的作用。布置时应注意所放置的位置要避开大量人流，不能影响交通路线的通畅。

本章小结

____

____

____

____

思考练习题

1.[填空] 直到隋唐时期，中国家具逐渐由__________过渡到垂足座椅。

2.[简答] 简述家具的布置方式中“周边式”和“岛式”的区别和特点。

3.[简答] 谈谈中国传统家具几、案、桌的区别与联系。

模块七
CHAPTER 7

室内绿化与庭园

思政目标

通过学习室内空间的绿化与庭园设计，实现人与自然关系的理解及保护自然环境价值观的认同，并以提升专业能力为载体，培养环保意识和工匠精神。

知识目标

任务一　室内绿化的作用

任务二　室内绿化的布置方式

任务三　室内植物选择

任务四　室内庭园

能力目标

1. 能理解室内绿化的作用
2. 能掌握室内绿化的布置方式
3. 能掌握室内植物的选择方式
4. 能熟悉室内庭园的种类

素质目标

1. 培养学生从服务于人的需求分析出发的设计思维
2. 培养学生对室内设计的创新意识
3. 培养学生善观察、懂协作、重创意的专业素质

任务一 室内绿化的作用

根据维持自然生态环境的要求和专家测算，城市居民每人至少应有 10 m^2 的森林或 30 ~ 50 m^2 的绿地才能使城市达到二氧化碳和氧气的平衡，才有益于人类生存。我国《城市园林绿化管理暂行条例》也规定: 城市绿化覆盖率为30%，公共绿地到20世纪末达到每人7 ~ 11 m^2 等。而大力推广阳台、屋顶、外墙面垂直绿化及室内绿化，对提高城市绿化率、改善自然生态环境，无疑将起着十分重要的补充和促进作用。

室内绿化不同于室外景观环境的设计，室内绿化的空间范围有限，植物的高度和生长习性都会受到限制。由于植物的某些特征，一些植物可能会散发出不适于人长期进行接触的气体，因此在植物种类的选择上要有所取舍。在室内设计中，应用绿化主要是根据以下作用进行考虑。

一、净化空气，调节气候

植物经过光合作用可以吸收二氧化碳，释放氧气，而人在呼吸过程中，吸入氧气，呼出二氧化碳，从而使大气中的氧和二氧化碳达到平衡。植物还能吸收空气中的有害气体，对空气起到净化作用。同时通过植物叶子吸热和水分蒸发调节室内的温湿度。植物在夏季可以起到遮阳隔热作用，在冬季可以对室内形成富氧空间。

某些植物，如夹竹桃（图 7-1）、梧桐（图 7-2）、棕榈、大叶黄杨等可吸收有害气体；有些植物的分泌物，如松、柏、樟、桉、臭椿、悬铃木等具有杀灭细菌的作用，减少空气中的含菌量；有些植物还能吸附大气中的尘埃，使空气得到净化。

图 7-1 夹竹桃

图 7-2 梧桐

二、组织和引导空间

1. 分隔空间的作用

利用花池、花带、绿墙等对室内空间进行线状或面状的分隔限定，使被限定和被分隔的空间保持各自不同的功能作用。

以绿化分隔空间的范围是十分广泛的，在两厅室之间、厅室与走道之间以及在某些大的厅室内需要分隔成小空间的，如办公室、餐厅、旅店大堂、展厅等（图 7-3）。此外，在某些空间或场地的交界线，如室内外之间、室内地坪高差交界处等，都可用绿化进行分隔。某些有空间分隔作用的围栏，如柱廊之间的围栏、临水建筑的防护栏、多层围廊的围栏等，可以结合绿化加以分隔。

图 7-3　利用绿化分隔空间（该素材为 AIGC 或 AI 数字内容）

2. 引导空间的作用

绿化因其具有很强的观赏性，常能引起人们的注意，因此在入口两侧、空间的转折处、空间的过渡区域布置绿化，能起到暗示空间和视线引导的作用（图 7-4）。

图 7-4　室内绿化引导空间

三、美化环境，创造氛围

室内绿化的观赏性体现在植物通过自身的色彩、形态、气味等展现植物的自然美。特别是一些赏花及观叶植物，能够在视觉上带给人们愉悦感。还有一些绿植及花卉的特殊寓意能够给人一种心理上的暗示，如发财树寓意财源广进、杜鹃代表幸福安康等（图 7-5）。

图 7-5　室内植物美化环境

任务二　室内绿化的布置方式

室内绿化的布置在不同的场所，如酒店宾馆的门厅、大堂、中庭、休息厅、会议室、办公室、餐厅以及住户的居室等，均有不同的要求，应根据不同的任务、目的和作用，采取不同的布置方式。随着空间位置的不同，绿化的作用和地位也随之变化，可分为以下几种：

（1）处于重要地位的中心位置，如大厅中央。

（2）处于较为主要的关键部位，如出入口处。

（3）处于一般的边角地带，如墙边、角隅。

绿化布置应根据室内不同部位，选好相应的植物品色。但室内绿化通常是利用室内剩余空间，或不影响交通的墙边、角隅，并利用悬、吊、壁龛、壁架等方式充分利用空间，尽量少占室内使用面积。同时，某些攀缘、藤萝等植物又宜于垂悬，以充分展现其风姿。因此，室内绿化的布置，应从平面和垂直两方面进行考虑，从而形成立体的绿色环境。

一、重点装饰与边角点缀

重点装饰是把室内绿化作为主要陈设并成为视觉中心，以其形、色的特有魅力来吸引人们，是许多厅室常采用的一种布置方式，它可以布置在厅室的中央（图 7-6）。边角点缀的布置方式更为多样，如布置在客厅中沙发的转角处，靠近角隅的餐桌旁、楼梯背部（图 7-7）。布置在楼梯或大门出入口一侧或两侧、走道边、柱角边等部位是介于重点装饰和边角点缀之间的一种形态，其重要性次于重点装饰而高于边角点缀。

图 7-6　绿化成为室内空间重点装饰

图 7-7　绿化作为室内空间边角点缀

二、结合家具、陈设等布置绿化

室内绿化除了单独落地布置外，还可与家具、陈设、灯具等室内物件结合布置，相得益彰，组成有机整体。图 7-8 为结合家具布置绿化；图 7-9 把植物种在画框里，可谓别出心裁。

图 7-8 结合家具布置绿化

图 7-9 绿化与陈设品结合

三、组成背景、形成对比

绿化的另一作用就是通过其独特的形、色、质，不论是绿叶还是鲜花，不论是铺地还是屏障，集中布置成片的背景（图 7-10）。

图 7-10 绿化布置成片的背景

四、垂直绿化

垂直绿化通常采用顶棚上悬吊方式，或利用靠室内顶部设置吊柜、搁板布置绿化。图 7-11 为某居室的垂直绿化，在墙面布置绿植；图 7-12 为利用搁板布置绿化，这样可以充分利用空间，不占地面，并造成绿色立体环境，增加绿化的体量和氛围，并通过成片垂下的枝叶形成似隔非隔、若有若无的美妙情景。

图 7-11　墙面布置绿植

图 7-12　搁板布置绿化

五、沿窗布置绿化

沿窗布置绿化（图 7-13）能使植物接受更多的日照，形成室内绿色景观，同时还可以做成花槽或低台，上置小型盆栽等方式。

图 7-13　沿窗布置绿化

任务三　室内植物选择

室内植物应从两个方面选择：一方面是室内选择什么样的植物较为合适。植物的种类繁多，其形态、色彩等千差万别，某些植物受到传统文化观的影响，还具有一定的象征意义。因此，选择和室内空间环境适宜的气氛与意境、文化与内涵相协调的植物，除了可以起到装饰作用外，还可以陶冶情操，满足人们的精神需求。另一方面是什么样的室内环境才适合植物生长。植物的生长需要阳光、空气、土壤以及适宜的温度和湿度，设计时应根据植物的生长特性、室内的客观条件，合理地选择和布置。

植物的种类繁多，可以从生长状态和观赏性两方面进行分类。

一、按生长状态分

1. 乔木

乔木（图 7-14）主干明显，是主干与分枝有明显区别的木本植物，有常绿、落叶、针叶、阔叶等区别。因其体形较大，枝叶茂密，在室内宜作为主景出现，如棕榈树、蒲葵、海棠等。棕榈树竖向生长趋势明显，适用于室内空间净高较高的场所；蒲葵水平生长趋势明显，比较适于空间比较开阔的区域。在室内植物种类的选择上，应根据空间的不同和植物生长特性的不同进行选择。

2. 灌木

灌木（图 7-15）相对于乔木体形矮小，是没有明显主干、呈丛成状态的树木。一般为常绿阔叶，主要用于观花、观果、观枝干等。室内常见的灌木有栀子、鹅掌木等。在室内庭院中，灌木可以达到郁郁葱葱的效果，更适于餐饮及办公空间的使用。

3. 藤本

藤本植物（图 7-16）的体态不能直立，弯曲细长，需依附于其他植物或支架上，向上缠绕或攀援。藤本植物多用作景观背景使用。室内常见的藤本植物有黄金葛、大叶蔓绿绒等。

4. 草本

草本（图 7-17）是相对于木本植物而来的，植物体木质部不发达，茎质较软，通常被人们称为草。但也有特例，如竹。室内常见的草本植物有文竹、龟背竹、吊兰等。草本植物在室内被广泛使用，成活率高，装饰效果好，成本较低。

图 7-14　室内种植乔木

图 7-15　室内种植灌木

图 7-16　藤本植物

图 7-17　草本植物

二、按植物的观赏性分

1. 观叶植物

观叶植物一般是指叶形和叶色美丽的植物。大多数观叶植物耐阴、不喜强光，在室内正常的光照、温度和湿度条件下也能长期呈现生机盎然的姿态，因此是室内主要的植物观赏门类。常见的观叶植物有吊兰、芦荟、万年青、琴叶榕、龟背竹等（图 7-18）。

2. 观花植物

观花植物是指以观花为主的植物。花的种类繁多，花色各不相同，装饰效果突出。常见的观花植物有水仙、牡丹、君子兰、郁金香等（图 7-19）。

3. 观果植物

观果植物是主要以果实供观赏的植物。常用以点缀景观，弥补观花植物的不足，又能产生层次丰富的景色效果。观果植物的选择应首要考虑花果并茂的植物，如石榴、金橘等（图 7-20）。

图 7-18　观叶植物（吊兰、琴叶榕、龟背竹）

图 7-19　观花植物（水仙、君子兰、郁金香）

图 7-20　观果植物（石榴、金橘）

任务四　室内庭园

一、室内庭园的意义和作用

室内庭园是室内空间的重要组成部分，是室内绿化的集中表现，是室内景观室外化的具体实现，旨在使生活在楼宇中的人们方便地获得接近自然、接触自然的机会，可享受自然的沐浴而不受外界气候变化的影响，这是现代文明的重要标志之一。开辟室内庭园虽然会占去一定的建筑面积，并要付出一定的管理、维护的代价，但从维护自然的生态平衡、保障人类的身心健康、改善生活环境质量等方面综合考虑，是十分值得提倡的。它的作用和意义不仅仅在于观赏价值，而是作为人们生活环境不可缺少的组成部分，尤其在当前，许多室内庭园常和休息、餐饮、娱乐、歌舞、时装表演等多种活动结合在一起，为群众所乐于接受，因而也就充分发挥了庭园的使用价值，获得了一定的经济效益和社会效益。因此，室内庭园的发展有着广阔的前景。

二、室内庭园的类型和组织

从室内绿化发展到室内庭园，使室内环境的改善达到了一个新的高度，室内绿化规划应该和建筑规划设计同步进行，根据需要和可能确定其规模标准、使用性质和适当的位置。

室内庭园类型可以从采光条件、位置和服务，以及与地面的关系进行分类。

1. 按采光条件分

（1）自然采光

1）顶部采光（图 7-21）。

2）侧面采光（通过玻璃或开敞面）。

3）顶、侧双采光（图 7-22）。

（2）人工照明

图 7-21　顶部采光的室内庭园

图 7-22　顶、侧双采光

2. 按位置和服务分

（1）中心式庭园（图 7-23）。庭园位于建筑中心地位，常为周围的厅室服务，甚至为整体建筑服务。

图 7-23　中心式庭园

（2）专为某厅室服务的庭园（图 7-24）。许多大型厅室，常在室内开辟一个专供该室观赏的小型庭园，它的位置常结合室内家具、活动路线以及景观效果等进行选择和布置，可以在厅的一侧或中央，这种庭园一般规模不大，类似我国传统民居中各种类型的小天井、小庭园，常利用建筑中的角隅、死角组景。它们的规模大小不一，形式多样，甚至可见缝插针式地安排于各厅室之中或厅室之侧。在传统住宅中，这样的庭园，除观赏外，有时还能容纳一两人游憩其中，成为别有一番滋味的小天地。

图 7-24　专为某厅室服务的庭园

我国传统院落式建筑（图 7-25）的布置常是向纵深发展的，所谓庭园深深深几许，这样的居住环境，应该得到进一步发展。结合庭园的位置，常分为前庭、中庭、后庭和侧庭。由于植物有向阳性的特点，庭园的位置最好是布置在房屋的北面，这样在观赏时，可以看到植物迎面而来，好像美丽的花叶在向人们招手和点头微笑。

图 7-25　中式庭园

3. 按与地面的关系分

（1）落地式庭园（或称露地庭园）（图 7-26），庭园位于底层。落地式庭园便于栽植大型乔木、灌木，其组织排水系统一般常位于底层和门厅，与交通枢纽相结合。

（2）屋顶式庭园（或称空中花园）（图 7-27），庭园地面为楼面。屋顶式庭园在高、多层建筑出现后，为使住户仍能和生活在地面上的人一样，享受到自然的沐浴，有和在地面上一样的感觉，庭园也随之上升，这是庭园发展的必然趋势。例如香港中国银行在 70 层屋顶上建造玻璃顶室内空间，大厅中间种植两株高达 5~6 m 的垂榕树，已成为游客必来瞻仰之地。这类庭园虽然在屋面构造、给排水、种植土等问题上要复杂一些，但在现代技术条件下，均能得到很好的解决。

图 7-26　落地式庭园

图 7-27　屋顶式庭园

本章小结

____

____

____

____

思考练习题

1. [多选] 以下植物具有净化空气、调节气候的作用的是（　　）。

A. 美人蕉　　B. 芦荟　　C. 铁线蕨　　D. 吊兰

2. [填空] 根据庭园与地面的关系，室内庭院可分为落地式庭园、__________两种庭园。

3. [论述] 室内庭园的类型有哪些？请结合自己的体会谈谈室内庭园的作用和意义。

模块八 CHAPTER 8

人体工程学与室内设计

思政目标

通过学习室内空间的人体工程学，能灵活应用所学理论知识开展人体工程学设计实践，培养学生严谨的科学分析态度和精益求精的工匠精神，弘扬中华优秀传统文化，增进学生的民族自豪感和爱国情怀。

知识目标

任务一　人体工程学的定义
任务二　人体工程学的静态、动态尺度
任务三　常用人体尺寸
任务四　人体工程学在室内设计中的应用

能力目标

1. 能理解人体工程学的定义
2. 能区分人体工程学的静态、动态尺度
3. 能掌握常用人体尺寸
4. 能熟悉人体工程学在室内设计中的应用

素质目标

1. 培养学生从服务于人的需求分析出发的设计思维
2. 培养学生对室内设计的创新意识
3. 培养学生善观察、懂协作、重创意的专业素质

任务一 人体工程学的定义

人体工程学所研究和应用的范围极其广泛，它所涉及的各学科、各领域的专家、学者都试图从自身的角度来给本学科命名和下定义，因而世界各国对于本学科的命名不尽相同，即使同一个国家对本学科名称的提法也很不统一，甚至有很大差别。例如，该学科在美国称为“human engineering”（人类工程学）或“human factors engineering”（人类因素工程学），西欧国家多称为“ergonomics”（工效学），而其他国家大多引用西欧的名称。

人体工程学起源于欧美，原先是在工业社会开始大量生产和使用机械设施的情况下，探求人与机械之间的协调关系的，作为独立学科已有 40 多年的历史。在“第二次世界大战”的军事科学技术中开始运用人体工程学的原理和方法。例如在坦克、飞机的内舱设计中，已考虑到如何使人在舱内有效地操作和战斗，并尽可能使人长时间地在小空间内减少疲劳的目的，即处理好人、机、环境的协调关系。“第二次世界大战”后，各国把人体工程学的实践和研究成果迅速有效地运用到空间技术、工业生产、建筑及室内设计中去，1960 年创建了国际人体工程学协会。

人体工程学在我国起步比较晚，目前该学科在国内的名称尚未统一，除普遍采用的人体工程学外，常见的名称还有人——机——环境系统工程、人机工程学、人类工效学、人类工程学、工程心理学、宜人学、人的因素学等。不同的名称，其研究重点略有差别。

按照国际工效学协会所下的定义，人体工程学是一门“研究人在某种工作环境中的解剖学、生理学和心理学等方面的各种因素；研究人和机器及环境的相互作用；研究人在工作中、家庭生活中和休假时怎样统一考虑工作效率、人的健康、安全和舒适等问题的学科”。人体工程学联系到室内设计，其定义为：以人为主体， 运用人体计测、生理与心理计测等手段和方法，研究人体结构功能、心理、力学等方面与室内环境之间的合理协调关系，以适合人的身心活动要求，取得最佳的使用效能。其目标应是安全、健康、高效能和舒适。

任务二 人体工程学的静态、动态尺度

人体工程学通过对人类自身生理和心理的认识，将有关的知识应用在有关的设计中，从而使环境适合人类的行为和需求。对于室内设计来说，人体工程学的最大课题就是尺寸的问题。首先是人体的尺度和动作域所需要的尺寸和空间范围，人们交往时符合心理要求的人际距离以及人们在室内通行时各处有形无形的通道宽度。人体的尺度，即人体在室内完成各种动作时的活动范围，是我们确定室内诸如门扇的宽度、踏步的高宽度、窗台阳台的高度、家具的尺寸及其间距离，以及楼梯平台、室内净高等最小高度的基本依据。从人们的心理感受考虑，还要顾及满足人们心理感受需求的最佳空间范围。

从上述的内容可知，人体尺寸可以分为两大类，即静态尺寸和动态尺寸。静态尺寸是被试者在固定的标准位置所测得的躯体尺寸，也称为结构尺寸。动态尺寸是在活动的人体条件下测得的躯体尺寸，也称为功能尺寸。虽然静态尺寸对于某些设计目的来说具有很好的意义，但在大多数情况下，动态尺寸的用途更为广泛。

小组活动

1. 测量人体尺寸，测量小组成员的身高、肩宽、正立时眼睛高度、脚长等数据。

____

____

____

____

2. 由上面这些数据可分别确定哪些室内设计相关的尺寸？

____

____

____

____

在运用人体动态尺寸时，应该充分考虑人体活动的各种可能性，考虑人体各部分协调动作的情况。例如，人体手臂能达到的范围绝不仅仅取决于手臂的静态尺寸，它必然受到肩的运动和躯体的旋转、可能的背部弯曲等情况的影响。因此，人体手臂的动态尺寸远大于其静态尺寸，这一动态尺寸对于大部分设计任务而言也更有意义。采用静态尺寸，会使设计的关注点集中在人体尺寸与周围边界的净空，而采用动态尺寸则会使设计的关注点更多地集中到所包括的操作功能上去。

一、静态尺度（人体尺度）

《中国成年人人体尺寸》（GB 10000—1988）是 1989 年 7 月开始实施的我国成年人人体尺寸国家标准。该标准共提供了 7 类共 47 项人体尺寸基础数据，标准中所列出的数据是代表从事工业生产的法定中国成年人（男 18~60 岁，女 18~55 岁）的人体尺寸，并按男女性别分开列表。图 8-1 为我国成年男女中等人体地区的人体各部分平均尺寸。表 8-1 是我国具有代表性的一些地区成年男女身体各部分的平均尺寸。不同年龄、性别、地区和民族国家的人体，具有不同的尺度差别。

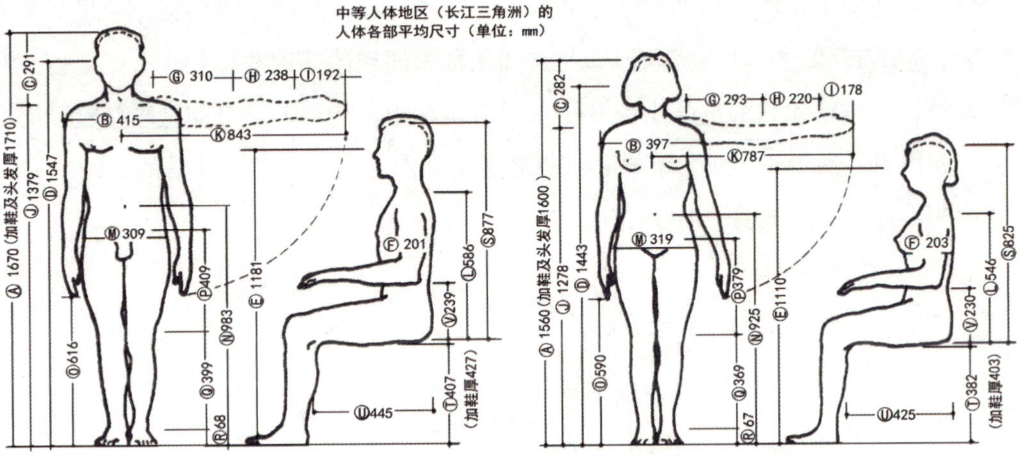

图 8-1　我国成年男、女基本尺度图解

表 8-1　我国具有代表性的一些地区成年男女身体各部分的平均尺寸（单位：mm）

编号	部位	较高人体地区（冀、鲁、辽）		中等人体地区（长江三角洲）		较低人体地区（四川）	
		男	女	男	女	男	女
A	人体高度	1690	1580	1670	1560	1630	1530
B	肩宽度	420	387	415	397	414	385
C	肩峰至头顶高度	293	285	291	282	285	269
D	正立时眼的高度	1573	1474	1547	1443	1512	1420
E	正坐时眼的高度	1203	1140	1181	1110	1144	1078
F	胸廓前后径	200	200	201	203	205	220
G	上臂长度	308	291	310	293	307	289
H	前臂长度	238	220	238	220	245	220
I	手长度	196	184	192	178	190	178
J	肩峰高度	1397	1295	1379	1278	1345	1261
K	1/2 上骼展开全长	869	795	843	787	848	791
L	上身高长	600	561	586	546	565	524
M	臀部宽度	307	307	309	319	311	320
N	肚脐高度	992	948	983	925	980	920
O	指尖到地面高度	633	612	616	590	606	575
P	上腿长度	415	395	409	379	403	378
Q	下腿长度	397	373	392	369	391	365
R	脚高度	68	63	68	67	67	65
S	坐高	893	846	877	825	850	793
T	腓骨头的高度	414	390	407	382	402	382
U	大腿水平长度	450	435	445	425	443	422
V	肘下尺寸	243	240	239	230	220	216

二、动态尺度（人体动作域与活动范围）

在现实生活中，人们并非总是保持一种姿势不变，而是不停地变换着姿势，并且人体本身也随着活动的需要而移动位置，这种姿势的变换和人体移动所占用的空间构成了人体活动空间，也称为作业空间。人们在室内各种工作和生活活动范围的大小，即动作域，是确定室内空间尺度的重要依据因素之一。以各种计测方法测定的人体动作域，也是人体工程学研究的基础数据。如果说人体尺度是静态的、相对固定的数据，人体动作域的尺度（图 8-2）则为动态的，其动态尺度与活动情境动态有关。室内家具的布置、室内空间的组织安排，都需要认真考虑活动着的人（甚至活动着的人群）的所需空间，即进深、宽度和高度的尺度范围（图 8-3）。

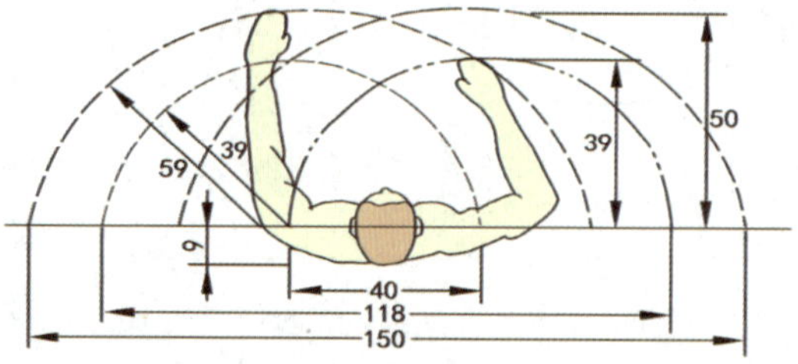

图 8-2　人体手臂动作域（单位：mm）

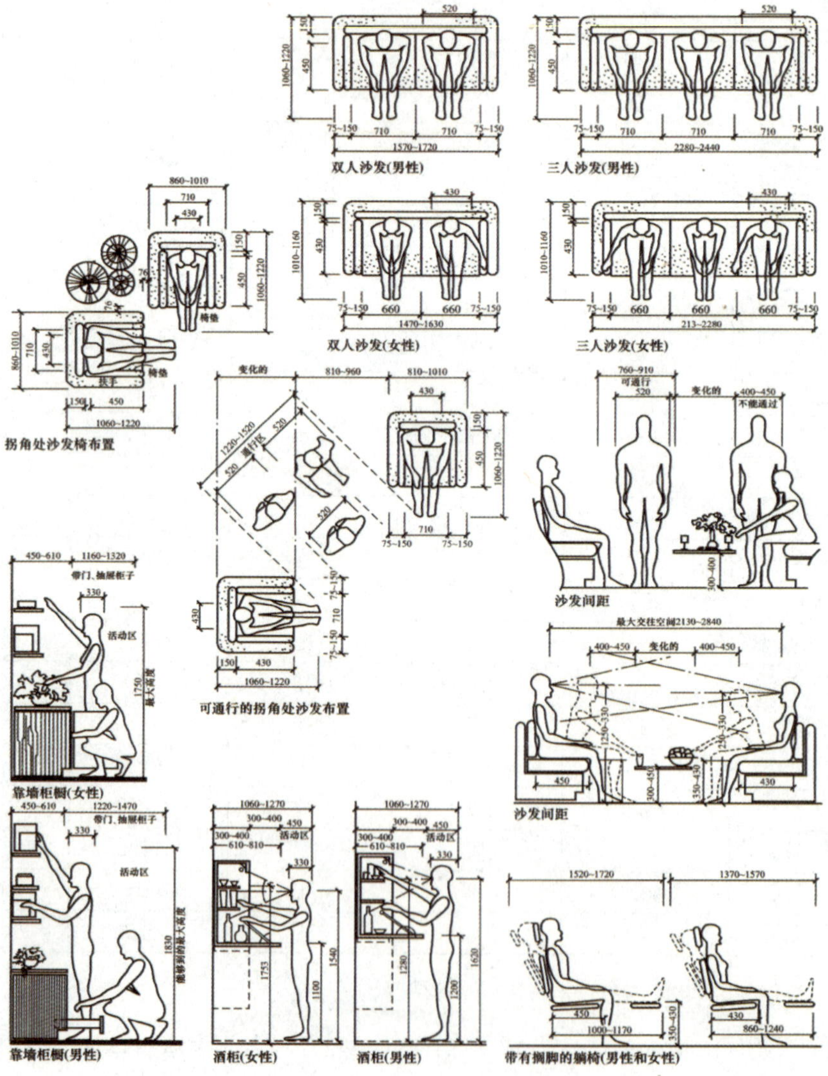

图 8-3　人体尺寸下的空间尺度（单位：mm）

室内设计时人体尺度具体数据尺寸的选用，应考虑在不同空间下，人们动作和活动的安全，以及对于大多数人来说的适宜尺寸，并强调以安全为前提。

我们可以看到，可供参考的人体尺寸数据是在一定的幅度范围内变化的。因此，在设计中究竟应该采用什么范围的尺寸作参考就成为一个值得探讨的问题。一般认为，针对室内设计中的不同情况，可按以下三种人体尺度来考虑。

（1）按较高人体高度考虑空间尺度，如楼梯顶高、栏杆高度、阁楼及地下室净高、门洞的高度、淋浴喷头高度、床的长度等。一般可采用男性人体的平均高度 1730 mm，再另加鞋厚 20 mm。

（2）按较低人体高度考虑空间尺度，如楼梯的踏步、厨房吊柜、搁板、挂衣钩及其他置物空间的高度，盥洗台、操作台的高度等。一般可采用女性人体的平均高度 1560 mm，再另加鞋厚 20 mm。

（3）一般建筑内使用空间的尺度可按成年人平均高度 1670 mm（男）及 1560 mm（女）来考虑，如剧院及展览建筑中考虑的人的视线以及普通桌椅的高度等。当然，设计时也需要另加鞋厚 20 mm。

老年人体模型是老年人活动空间尺度的基本设计依据。我国目前虽然还没有制定相关规范，但根据老年医学的研究资料也可以初步确定其基本尺寸。老年人由于代谢机能的降低，身体各部位产生相对萎缩，最明显的就是身高的萎缩。据老年医学研究，人在 28~30 岁时身高最高，35~40 岁之后逐渐出现衰减。一般老年人在 70 岁时身高会比年轻时降低 2.5%~3%，女性的缩减有时最大可达 6%。

任务三 常用人体尺寸

常用人体尺寸包括了构造尺寸和功能尺寸，在室内设计中最常用的为 24 个尺寸，下面介绍其中的几个主要尺寸：

一、身高

身高，是指人身体直立、眼睛向前平视时从地面到头顶的垂直距离。

在建筑设计和室内规划领域，身高数据占据举足轻重的地位。为确保通行顺畅，通道与门的最低高度设计必须充分参考平均身高数据。实际上，大多数建筑规范以及批量生产的门、门框的尺寸，均基于能够覆盖 99% 以上人群身高数据的标准进行设计。

二、眼睛高度

眼睛高度，指的是人体在直立状态下，双眼平视前方时，从地面至内眼角的垂直距离。

眼睛高度的数据在多个领域中发挥着至关重要的作用。例如，在剧院、礼堂、会议室等公共场合，这一数据被用来优化观众的视觉体验。通过计算和确定每个座位对应的眼睛高度，可以确保观众无论坐在何处，都能有清晰的视线，无障碍地观看舞台或讲台。此外，在展览设计和布置中，了解观众的眼睛高度有助于合理安排展品的摆放位置和高度，确保展品能够被有效且吸引眼球地展示出来，以吸引观众的注意力和兴趣。

在办公环境设计方面，眼睛高度的数据同样重要。它可以帮助设计师合理规划开放式办公室的布局，确定隔断墙或屏风的最佳高度。目的是为了创造一个既能够确保员工有私人空间，同时又不影响开放交流和视觉通透感的办公环境。恰当的隔断高度可以减少视觉干扰，促进隐私保护，同时方便员工在视觉上相互沟通和协作。因此，眼睛高度的准确测量和应用，对于提升空间利用效率和用户体验有着不可或缺的作用。

三、肘部高度

肘部高度，是从水平地面到一个人的前臂与上臂连接处的可弯曲部分的垂直距离。在进行肘部高度测量时，通常需要确保被测者的前臂是自然下垂的，且与身体保持垂直状态，这样可以得到一个最符合人体生物力学特征的肘部高度值。

在实际生活中，肘部高度的概念被广泛应用于各类设施的设计和调整中，尤其是在确定站立工作时所需接触的工作表面的合适高度时，肘部高度的数据显得尤为重要。例如，在设计柜台、梳妆台、厨房案台、工作台等设施时，如果能够依据科学的数据来设定其高度，不仅可以确保使用者的舒适度，还可以在一定程度上预防长时间站立工作所带来的身体疲劳和潜在的健康问题。然而，在现实中，这些工作表面的高度往往是通过经验法则或是传统习惯来设定的，这可能导致并不是每个人都能在这些设施上找到最舒适的工作姿势。科学研究表明，人们在工作时最为舒适的高度实际上是略低于其肘部高度大约 7.6 cm 的位置。除此之外，当涉及休息时，休息平面的高度应大致低于肘部高度 2.5 至 3.8 cm，这样可以确保休息时手臂的自然放置，从而达到更好的放松效果。

需要注意，在确定上述提及的设施高度时，必须深入考虑使用者的具体活动性质，这一因素有时甚至比遵循推荐的低于肘部高度 7.6 cm 的标准还要重要。例如，对于需要频繁弯腰或蹲坐的工作，工作台面可能需要设定得较低；而对于需要进行精细操作的工作，则可能需要更高的台面，以允许操作者保持更为直立的姿势。因此，肘部高度的考量必须结合实际的使用需求和人体工程学原理，才能做出合理且科学的设计决策。

四、挺直坐高

挺直坐高是指人挺直坐着时，座椅表面到头顶的垂直距离。

在实际生活中，挺直坐高的概念有着广泛的应用，尤其是在需要考虑人体活动空间和舒适度的场合。例如，在设计和安装双层床时，必须确保下层床的床面与上层床底部的距离，大于一般人的挺直坐高，以保证下层床的用户能够舒适地坐起而不碰到上层床。同样，在餐厅和酒吧中设置火车座隔断时，也需要考虑到顾客在坐下和站立时的空间需求，确保隔断的高度不会影响到顾客的挺直坐高，从而保证顾客在就坐时能够自由地伸展身体。

需要注意，在设计挺直坐高时，应综合考虑多个因素，以确保测量结果的准确性和适用性。首先，座椅的倾斜程度会对测量结果产生影响，因为座椅的倾斜会导致人的身体重心发生变化，从而影响到挺直坐高的测量。其次，座椅软垫的弹性也不能忽视，因为软垫的弹性会影响到人的身体姿态，进而影响到挺直坐高的测量。再次，衣服的厚度也是一个需要考虑的因素，因为衣服的厚度会影响到人的身体尺寸，从而影响到挺直坐高的测量。最后，人坐下和站起来时的活动范围也是一个重要的考虑因素，因为这些活动会涉及人的身体尺寸和空间需求，从而影响到挺直坐高的测量。因此，在进行挺直坐高的测量和应用时，需要对这些因素进行全面考虑，以确保测量结果和应用效果的准确性和适用性。

五、肩宽

肩宽，是指一个人两个三角肌外侧边缘之间的最直接的横向宽度。

肩宽这一数据在多个领域有着广泛的应用。首先，在室内设计领域，尤其是在布置环绕桌子的座椅时，肩宽的数据可以作为确定座椅之间适当间距的重要参考。此外，在影剧院、礼堂等公共场所，为了确保观众舒适，排椅座位之间的间距也需要根据肩宽来设定。同样，在规划公用和专用空间时，如走廊、通道等，肩宽也是决定其合理宽度的重要依据。

在使用肩宽数据进行设计和规划时，需要考虑到多种因素带来的变化。首先，人的着装会影响肩宽的测量结果。对于薄衣服，需要额外增加 7.9 mm 的间距；而对于较厚的衣物，则需额外增加 7.6 cm 的间距。此外，人的躯干和肩部的活动也会影响实际所需的空间。在不同的动作状态下，两肩之间的实际空间需求可能会有所增加，因此在设计时也要考虑到这一点，以确保足够的舒适性和灵活性。

六、肘部平放高度

肘部平放高度是指从座椅表面到肘部尖端的垂直距离。

在实际应用中，这个方法常与其他众多数据和众多考虑因素相结合，以此来精确地决定椅子扶手、工作台、书桌、餐桌以及其他各类特殊设备的高度。这些高度的精确设定对于保证使用者的舒适度和设备的实用性至关重要。

需要特别注意的是，座椅软垫的弹性、座椅表面的倾斜度以及使用者的身体姿势，这三个因素是相互关联并共同影响的。座椅软垫的弹性需要适中，既不能太硬以至于对身体产生压迫，也不能太软以至于身体陷入其中，影响坐姿；座椅表面的倾斜度也要适中，过大的倾斜会使身体后倾，可能导致不稳定，过小则可能使身体前倾，造成不必要的压力；此外，使用者的身体姿势也是需要考虑的重要因素，正确的坐姿不仅能让使用者感到舒适，还能有效预防长时间坐姿不当带来的身体疲劳和潜在健康问题。

七、膝盖高度

膝盖高度是指从地面到膝盖骨中点的垂直距离。

这些数据在室内设计中扮演着至关重要的角色，它们是确立从地面到书桌、餐桌、柜台等家具底面的必要距离的关键性尺寸。这些尺寸尤其对于那些需要在使用家具时将大腿部分放置于家具底下的使用者来说具有特别的意义。具体来说，坐着的人与其使用的家具底面之间的接近程度，是衡量膝盖高度和大腿厚度是否成为关键尺寸的重要因素。

需要注意的是，在考虑这些关键尺寸时，不能忽视座椅高度和座垫的弹性这两个重要因素。座椅的高度会影响到使用者的大腿与家具底面之间的距离，而座垫的弹性则会影响到大腿部分的支撑效果，这两者都是决定使用舒适度和正确姿势的关键因素。因此，在选择和使用家具时，要综合考虑座椅的高度和座垫的弹性，以确保使用者的舒适度和健康。

八、膝眶高度

膝眶高度，是指人挺直身体坐着时，从地面到膝盖背后（腿弯）的垂直距离。测量时膝盖与髁骨垂直方向对正，大腿底面与膝盖背面（腿弯）接触座椅表面。

这些数据是确定座椅表面高度的关键指标，特别是对于决定座椅前缘的最大高度具有极高的参考价值。合适的座椅高度不仅能够提供舒适的坐姿，还能确保使用者的腿部血液循环畅通，减少长时间坐姿带来的疲劳和不适。此外，对于需要进行精细操作的行业，如手术室、实验室等，精确的座椅高度控制更是必不可少的。

在实际应用中，选用膝眶高度数据时必须考虑到座垫的弹性特性。因为不同材质和结构的座垫，其对于身体的支持和形变程度是不同的，这可能会对测量结果产生影响。因此，在选用这类数据时，要充分考虑到座垫的这些特性，以确保测量结果的准确性和可靠性。同时，座椅的设计也需要考虑到使用者的身高差异，以适应不同个体的需要。

九、臀部、膝腿部长度

臀部、膝腿部长度是指臀部最后面到小腿背面的水平距离。

该长度规格在座椅设计领域具有重要的应用价值，它特别用于明确腿部所占的空间位置，同时，对于长凳、靠背椅等座椅类型，它也用于确立其前面部分的垂直界面。此外，这一尺寸还在确定椅子坐面的宽度方面发挥着关键作用。

在实施过程中，必须考虑到椅面的倾斜角度，因为这将直接影响到座椅的舒适度和使用者的坐姿。适当的倾斜度能够确保座椅既符合人体工程学原理，又能提供良好的支撑，避免长时间使用造成的疲劳和不适。因此，设计时不仅要关注尺寸的精确度，还需综合考虑座椅的实用性和舒适性。

十、垂直手握高度

垂直手握高度是指人站立、手握横杆，然后使横杆上升到不使人感到不舒服或拉得过紧的限度为止，此时从地面到横杆顶部的垂直距离。

这些数据可以被工程师和设计师用来准确地计算和确定各种开关、控制器、拉杆、把手、书架以及衣帽架等部件的最大高度。这些信息对于确保产品设计和制造过程中的尺寸准确性和功能性至关重要。通过对这些数据进行仔细分析和应用，可以确保设计出来的产品能够符合预期的尺寸要求和性能标准。

需要特别注意的是，这些尺寸是在人们不穿鞋的情况下进行测量的。因此，在实际使用这些数据进行产品设计和制造时，必须考虑到人们穿鞋后身高会有所增加的因素，并对测量结果进行适当的补偿。这样可以避免设计出来的产品在实际使用中出现不合适的情况，确保产品能够满足用户的需求和期望。

任务四 人体工程学在室内设计中的应用

人体工程学是一门新兴的学科，它在室内设计中应用的深度和广度还有待进一步认真开发， 目前已开展的应用方面如下。

一、确定人在室内活动所需空间的主要依据

根据人体工程学中的有关计测数据可得，应从人的尺度、动作域、心理空间以及人际交往的空间等方面来确定空间范围。设计时要满足生活起居要求，并力求达到理想的舒适程度。一般来讲，不同形状的空间，使人产生不同的生理感受。方、圆、八角等严谨规则的空间，给人端正、平稳、肃穆、凝重的气氛，不规则的空间形式给人随意、自然、流畅、无拘无束的气氛。大空间使人感到宏伟、开阔；高耸的空间使人感到崇高、肃穆，以致神秘；低矮水平的空间使人感到温暖、亲切、富有人情味。例如，起居室是人们的主要活动空间，应考虑到多重功能要求，既要供人们休息、睡眠，又要供人们学习、会客、进餐等，所以它应是最大的起居空间。同时为了具有更大的灵活性，空间形状不宜过于狭长。相比之下，厨房功能则比较单一，往往将储藏、洗涤、烹调设施等工作区都安排在一面墙上， 所以空间狭长一些也无妨。因此在室内空间组织和分隔时，我们需要把动态的“无形”的，甚至是通过视觉所看到的空间形状带给人们的心理感受等因素综合考虑，来确定室内活动所需空间。

二、确定家具、设施的形体和尺度及其使用范围的主要依据

室内设计合理，符合空间的用途和性质也能产生环境美感。作为室内空间的主体，家具要符合人体工程学的原理。家具设施为人所使用，服务于人，若使用起来得体适当，可以起到愉悦人的精神的作用。因此，它们的形体、尺度必须以人体尺度为主要依据。同时，人们为了使用这些家具和设施，其周围必须留有活动和使用的最小余地，这些要求都必须由人体工程学科学地予以解决。室内空间越小，停留时间越长，对这方面内容测试的要求也越高。例如车厢、船舱、机舱等交通工具内部空间的设计。

人和家具、家具和家具之间的关系是相对的，并应以人的基本尺度（站、坐、卧不同状态）为准则来衡量这种关系，确定其科学性和准确性，并决定相关的家具尺寸。一般来说，对于站立使用的家具（如柜）以及不设座椅的工作台等，应以站立基准点的位置计算。例如，高橱柜的高度一般为 1800~2200 mm；服务接待台的高度一般为 1000~1200 mm；电视柜的深度为 450~600 mm，高度一般为 450~700 mm。而对于坐的家具（如桌椅等），实际上应根据人在坐时，从坐骨关节节点为准计算。一般沙发高度以 350~420 mm 为宜，其相应的靠背角度为 100°；躺椅的椅面高度实际为 200 mm， 其相应的靠背角度为 110° 。同时，人体工程学还应考虑人们在使用这些家具和设施时，其周围必须要留有活动和使用的最小余地（图 8-4）。

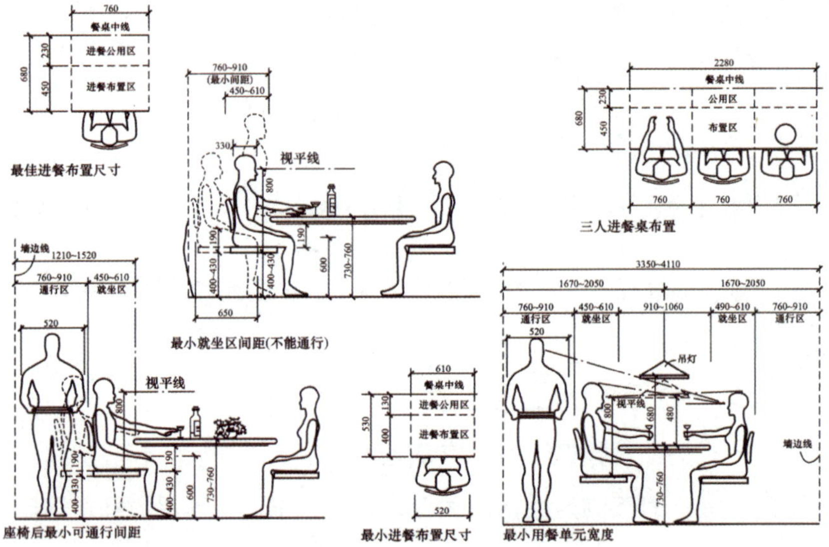

图 8-4　餐厅空间的活动尺度（单位：mm）

三、提供适应人体的室内物理环境的最佳参数

室内物理环境主要有室内热环境、声环境、光环境、重力环境、辐射环境等，如人在睡眠时所需热量为 273 kJ/h，站着休息时所需热量为 420 kJ/h，重体力劳动时所需热量为 1932 kJ/h。会议时一般谈话的正常语音距离为 3 m，强度为 45 dB；生活交谈时正常语音距离为 0.9 m，强度为 55 dB 等。另外，室内环境，如朝向、采光等也很重要（图 8-5）。从现代医学卫生角度考虑，良好的住宅微小气候能保证人体正常的生理功能，有利于体力恢复和提高工作效率。一般来说，起居室应具有良好的朝向，冬暖夏凉；卧室要争取有必要的阳光照射而又避免烈日暴晒；至于其他房间，由于人的活动时间有限，朝向可不予过分要求。起居室的开窗面积应该大一些，以利于获得充足的采光、通风条件，使室内环境处于良好状态，如图 8-5 所示。室内温度和相对湿度至关重要，经试验证明，起居室内的适宜温度是 16~24 ℃，相对湿度是 40%~60%，冬季最好不要低于 35%，夏季最好不大于 70%。人体工程学提供了适应人体的室内物理环境的最佳参数，帮助在设计时作出正确的决策。

图 8-5　起居室空间的良好朝向

四、对视觉要素的计测为室内视觉环境设计提供科学依据

人眼的视力、视野、光觉、色觉是视觉的要素，人体工程学通过计测得到的数据，对室内光照设计、室内色彩设计、视觉最佳区域等提供了科学的依据。室内的色彩与光线可以塑造出不同的环境气氛。要创造一个恰当、舒适的环境离不开颜色的点缀。色彩能直接影响人的精神和情绪，不同的颜色会使

人产生不同的感觉。例如，黄色明亮柔和，显得活跃素雅，使人兴高采烈，充满喜悦，以黄色为基调的居室设计特别受到年轻人的青睐；绿色使人想到青山绿水，也是人们喜爱的颜色， 它象征着春天、生命和青春。实验证明，绿色能降低人的眼压，缩小视网膜上的盲点，促进正常的血液循环，很快消除眼疲劳，所以，从事高温作业和用眼较多的工作者的居室以绿色或者蓝色为主调较适宜。光线同样通过视觉给人不同的精神感受。在缺少阳光照射或者其他比较阴暗的房间采用暖色，可以添加亲切温暖的感觉；在阳光充足和炎热的地区，往往多采用冷色，以降低温度。过去民间流传的一句话："有钱不买东西房"，意味着坐北朝南的房是人们理想的。室内一般通过窗户引进自然光线，人们通过窗户可以看到天光云影，打破人置于六面封闭空间的窒息感觉。现代室内设计通过多种手法改变室内光线变化，以达到不同的效果，运用各种漏窗、花格窗，形成变化多端、生动活泼的意境。人工照明更是随需而取，可以造就室内各种气氛，成为气氛变幻的魔术师。

总之，时至今日，社会发展向后工业社会、信息社会过渡，设计越来越重视"以人为本"的服务理念。人——机——环境是密切联系在一起的一个系统，人体工程学强调从人自身出发，在以人为主体的前提下研究人们的衣食住行以及一切生活、生产活动中的新思路，它在室内设计中应用的深度和广度，还有待于进一步开发。

本章小结

____

____

____

____

思考练习题

1.[多选]肩宽是指两个三角肌外侧的最大水平距离，这个数据可以用来确定（　　）。

A. 环绕桌子的座椅间距　　B. 礼堂中的排椅座位间距

C. 影剧院的排椅座位间距　　D. 通道的间距

2.[填空]静态尺寸是被试者在________所测得的躯体尺寸，也称为结构尺寸。动态尺寸是在________条件下测得的躯体尺寸，也称为功能尺寸。

3.[论述]请结合自己的体会谈谈：人体工程学对室内设计的重要作用和意义主要体现在哪些方面?

参考文献

[1] 陆震纬，来增祥 . 室内设计原理 [M]. 北京：中国建筑工业出版社， 1996.

[2] 霍维国，霍光 . 室内设计教程 [M]. 北京：机械工业出版社， 2007.

[3] 朱广宇 . 中国传统建筑室内装饰艺术 [M]. 北京：机械工业出版社，2010.

[4] 马澜 . 室内设计 [M]. 北京：清华大学出版社，2012.

[5] 尹定邦 . 设计学概论 [M]. 长沙：湖南科学技术出版社，2001.

[6] 菲莉丝・斯隆・艾伦，琳恩・琼斯，米丽亚姆・斯廷普森 . 室内设计概论 [M]. 胡剑虹，译 . 北京：中国林业出版社，2010.

[7] 露西・马丁 . 室内设计师专用灯光设计手册 [M]. 唐强，译 . 北京： 人民美术出版社，2012.

[8] 史坦利・亚伯克隆比 . 室内设计哲学 [M]. 赵梦琳，译 . 天津：天津大学出版社，2009.

[9] 约翰・派尔 . 世界室内设计史 [M]. 刘先觉，陈宇琳，译 . 北京： 中国建筑工业出版社，2007.